高等职业教育机电类专业系列教材

设 备 管 理

U0187128

主　编　郁君平
副主编　高海燕
参　编　高志坚　石宝明　王伟军

机 械 工 业 出 版 社

本书系统地介绍了设备的前期管理、设备资产管理、设备的使用与维护、设备的润滑管理、设备的状态管理、设备的修理、备件的管理、动力设备与能源管理、设备的更新改造、现代管理方法在设备管理中的应用等内容，每章都附有思考题。本书的编写定位准确，内容完整、丰富，层次清楚，重点突出。通过学习本书，读者可以了解企业开展设备管理工作的基本思路和方法。

本书可作为高等职业教育机电设备维修与管理专业、机电一体化技术专业的教材，也可作为从事设备管理与维修工作的工程技术人员的参考用书和企业设备管理与维修人员的培训教材。

本书配有电子课件，凡使用本书作为教材的教师可登录机械工业出版社教育服务网 www.cmpedu.com 注册后下载。咨询邮箱：cmpgaozhi@sina.com。咨询电话：010-88379375。

图书在版编目（CIP）数据

设备管理/郁君平主编 . —2 版 . —北京：机械工业出版社，2019.3
（2025.1 重印）
高等职业教育机电类专业系列教材
ISBN 978-7-111-61960-4

Ⅰ . ①设… Ⅱ . ①郁… Ⅲ . ①机电设备-设备管理-高等职业教育-教材 Ⅳ . ①TM

中国版本图书馆 CIP 数据核字（2019）第 025307 号

机械工业出版社（北京市百万庄大街 22 号 邮政编码 100037）
策划编辑：刘良超 责任编辑：刘良超
责任校对：张 薇 封面设计：陈 沛
责任印制：邓 博
北京盛通数码印刷有限公司印刷
2025 年 1 月第 2 版第 9 次印刷
184mm×260mm · 13.25 印张 · 315 千字
标准书号：ISBN 978-7-111-61960-4
定价：39.80 元

电话服务 网络服务
客服电话：010-88361066 机 工 官 网：www.cmpbook.com
010-88379833 机 工 官 博：weibo.com/cmp1952
010-68326294 金 书 网：www.golden-book.com
封底无防伪标均为盗版 机工教育服务网：www.cmpedu.com

前　言

当前，设备管理在企业管理中占据有十分重要的地位。随着"中国制造2025"战略的实施，企业不断更新先进设备，对设备的维护保养、预防维修以及管理模式和方法都发生了变化。这些变化使高等职业教育的人才培养目标也发生了相应的变化，要培养既有专业技术能力又能融入现代企业管理模式，且具备一定管理能力的复合型人才。

本书针对高等职业教育的特点，从选材到内容结构的安排上力求既简明、实用，又系统、全面。在内容编排上，除了介绍我国在设备管理方面的传统做法和有益经验之外，还介绍了现代管理方法在设备管理中的应用。

本书由浙江机电职业技术学院郁君平任主编。具体编写分工为，高海燕编写第一章及附录，常州机电职业技术学院高志坚编写第七章～第九章，黑龙江职业学院石宝明编写第二章、第三章、第十章，广西机电职业技术学院王伟军编写第四章～第六章，郁君平编写第十一章。

由于编者水平有限，书中错漏之处在所难免，恳请读者予以批评指正。

编　者

目 录

第一章

概　论

第一节　设备与设备管理

一、设备的含义

设备是指人们在生产和生活中所需的机械装置和设施等物质资料的总称。它可供人们长期使用，并能在使用中基本保持原有的实物形态。设备是企业生产的重要物质基础和必要条件，反映了工业企业机械化、自动化的程度。对于一个国家来说，设备既是发展国民经济的物质技术基础，又是衡量社会发展水平与物质文明程度的重要尺度。本书提到的设备，主要指直接用于生产的设备或服务于生产过程的设备。一些常用生产设备如图1-1和图1-2所示。

图1-1　数控机床　　　　　　　　　图1-2　工业机器人生产线

二、设备管理的含义

在现代工业企业中，设备反映了企业的现代化程度和科学技术水平，在企业生产经营过程中占据着日趋重要的地位，对企业产品的质量、产量、生产成本、交货期限、能源消耗及人机环境等都起着极其重要的作用，更是安全生产的重要基础。随着科技的迅速发展，企业的生产技术设备在不断更新，产品生产的自动化、连续化程度越来越高。所以，设备对企业的生存发展和市场竞争能力有着重要影响。设备管理是企业整个经营管理中的一个重要组成部分，它的任务是以良好的设备效率和投资效果来保证企业生产经营目标的实现，取得较好的经济效益和社会效益。

设备管理是指以设备为研究对象，以提高设备综合效率、追求设备寿命周期费用最经济、实现企业生产经营目标为目标，运用现代科学技术、管理理论和管理方法对设备寿命周期的全过程从技术、经济、管理等方面进行综合研究和科学管理。设备寿命周期是指设备规划、设计、制造、选型、购置、安装、使用、维修、改造、报废直至更新的全过程，它包括设备的物质运动和价值运动两个方面。

设备管理应从技术、经济和管理三方面进行综合管理，图1-3所示为三者之间的关系及三个方面的主要组成因素。

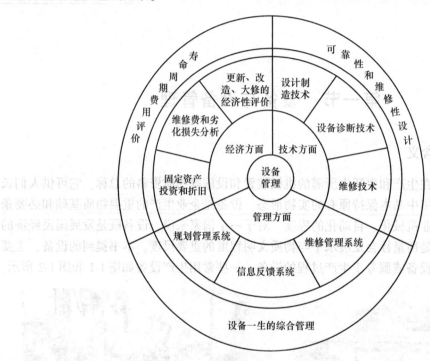

图 1-3   设备管理的三个方面及其关系

1. 技术方面

技术方面是对设备硬件所进行的技术处理，是从物的角度控制管理活动。其主要组成因素有：

1）设备设计和制造技术。

2）设备诊断技术和状态监测维修。

3）设备维护保养、大修、改造技术。

其要点是设备的可靠性和维修性设计。

2. 经济方面

经济方面是对设备运行的经济价值的考核，是从费用的角度控制管理活动。其主要组成因素有：

1）设备的规划、投资和购置的决策。

2）设备的能源成本分析。

3）设备的大修、改造、更新的经济性评价。

4）设备的折旧。

其要点是设备寿命周期费用评价。

3. 管理方面

管理方面是从管理等软件的措施方面控制，即从人的角度控制管理活动。其主要组成因素有：

1）设备规划购置管理系统。

2）设备使用维修管理系统。

3）设备信息管理系统。

其要点是建立设备一生信息管理系统。

第二节　设备管理的发展趋势

随着社会的进步和技术的不断发展，设备管理工作呈现出以下发展趋势。

一、设备管理全员化

设备全员管理就是以提高设备的全效率为目标，建立以设备使用的全过程为对象的设备管理系统，实行全员参加管理的一种设备管理与维修制度。其主要包括以下内容。

1. 设备的全效率

全效率是指从设备的投入到报废，企业为设备耗费了多少资源，从设备那里得到了多少收益，其所得与所费之比。其目的在于以尽可能少的寿命周期费用使企业做到产量高、质量好、成本低、按期交货、无公害安全生产。

2. 设备的全系统

1）设备实行全过程管理。这一过程把设备的整个寿命周期，包括规划、设计、制造、安装、调试、使用、维修、改造直到报废、更新等全部环节作为管理对象，打破了传统设备管理只集中在设备使用过程的维修管理上的做法。

2）设备采用的维修方法和措施系统化。在设备的研究设计阶段要认真考虑预防维修，提高设备的可靠性和维修性，尽量减少维修费用。

在设备的使用阶段，应采用以设备分类为依据、以点检为基础的预防维修和生产维修。对那些重复性发生故障的部位，应针对故障发生的原因采取改善维修，以防止同类故障的再次发生。这样，就形成了以设备一生作为管理对象的完整的维修体系。

3. 全员参加

全员参加是指发动企业所有与设备有关的人员都来参加设备管理。

1）从企业最高领导到生产操作人员都参加设备管理工作，其组织形式是生产维修小组。

2）将所有与设备规划、设计、制造、使用、维修等有关的部门都组织到设备管理中来，使其分别承担相应的职责。

二、设备管理信息化

设备管理的信息化应该以丰富、发达的全面管理信息为基础，通过先进的计算机和通信设备及网络技术设备，充分利用社会信息服务体系和信息服务业务为设备管理服务。

设备管理信息化趋势的实质是对设备实施全面的信息管理，其主要表现在以下三个方面。

（1）设备投资评价的信息化　企业在投资决策时，一定要进行全面的技术经济评估，设备管理的信息化为设备的投资评估提供了一种高效可靠的途径。通过设备管理信息系统的数据库，可以获得投资决策所需的统计信息及技术经济分析信息，为设备投资提供全面、客观的依据，从而保证设备投资决策的科学化。

（2）设备经济效益和社会效益评估的信息化　设备信息系统的构建，可以积累设备使用的有关经济效益和社会效益评价的信息，利用计算机能够短时间内对大量信息进行处理，提高设备效益评价的效率，为设备的有效运行提供科学的监控手段。

（3）设备使用的信息化　信息化管理使得记录设备使用的各种信息更加容易和全面，这些使用信息可以通过设备制造商的客户关系管理反馈给设备制造厂家，以提高机器设备的实用性、经济性和可靠性。同时，设备使用者通过对这些信息的分享和交流，可以强化设备的管理和使用。

三、设备管理的社会化和市场化

1. 设备管理的社会化

设备管理的社会化是指适应社会化大生产的客观规律，按照市场经济发展的客观要求，组织设备运行各环节的行业化服务，形成全社会的设备管理服务网络，使企业设备运行过程所需要的各种服务由自给转变为社会提供的过程。

设备管理的社会化是以组建中心城市（或地区）的各专业化服务中心为主体，小城市的其他系统形成全方位的全社会服务网络。其主要内容包括：①设备制造企业的售后服务体系。②设备维修与改造专业化服务中心。③备品配件服务中心。④设备润滑技术服务中心。⑤设备交易中心。⑥设备诊断技术服务中心。⑦设备技术信息中心。⑧设备工程教育培训中心。

2. 设备管理的市场化

设备管理的市场化是指通过建立完善的设备要素市场，为全社会设备管理提供规范化、标准化的交易场所，以最经济合理的方式为全社会设备资源的优化配置和有效运行提供保障，促使设备管理由企业自我服务向市场提供服务转化。

设备管理市场化包括设备维修市场、备品配件市场、设备租赁市场、设备调剂市场和设备技术信息市场等。

四、由定期维修转向预知维修

设备的预知维修管理是企业设备科学管理的发展方向，为减少设备故障、降低设备维修成本、防止生产设备的意外损坏，通过状态监测技术和故障诊断技术，可以在设备正常运行的情况下进行设备整体维修和保养。

设备状态监测技术是指通过监测设备或生产系统的温度、压力、流量、振动、噪声、润滑油黏度、消耗量等各种参数，并将其与设备生产厂家的数据比较，分析设备运行的好坏，对设备故障做早期预测、分析诊断与排除，将事故消灭在"萌芽"状态，降低设备故障停机时间，提高设备运行可靠性，延长机组运行周期。设备故障诊断技术是一种通过了解和掌握设备在使用过程中的状态，确定其整体或局部是否正常，早期发现故障及其原因，并能预测故障发展趋势的技术。

预知维修的发展是和设备管理的信息化、设备状态监测技术、故障诊断技术的发展密切相关的，预知维修需要的大量信息是由设备管理信息系统提供的，通过对设备的状态监测，得到关于设备或生产系统的温度、压力、流量、振动、噪声、润滑油黏度、消耗量等各种参数，并由专家对各种参数进行分析，进而实现对设备的预知维修。

随着科学技术与生产的发展，机械设备工作的强度不断增大，生产效率、自动化程度不断提高，设备越来越复杂，各部分的关联越来越密切，往往某处微小的故障就可能引发连锁反应，导致整个设备乃至与设备有关的环境遭受灾难性的毁坏，不仅造成巨大的经济损失，而且会危及人身安全，后果极为严重。采用设备状态监测技术和故障诊断技术，就可以事先发现故障，避免发生较大的经济损失和事故。

通过预知维修降低设备故障率，使设备在最佳状态下正常运转，这是保证生产按预订计划完成的必要条件，也是提高企业经济效益的有效途径。

思　考　题

1-1　简述设备及设备管理的含义。
1-2　简述设备管理的发展趋势。

第二章

设备的前期管理

设备的前期管理又称设备的规划工程，是指设备从规划开始到投产这一阶段的管理。对设备前期各个环节进行有效的管理，将为设备后期管理创造良好的条件。设备前期管理是设备一生管理中的重要环节，它对提高设备技术水平和提高设备投资技术经济效果具有重要作用。

第一节　设备前期管理的重要性

20 世纪 70 年代后期，我国的经济建设进入了一个新的历史时期。改革开放，引进先进经验和技术，使我国企业设备管理也发生了很大变化。仅仅依靠对设备使用阶段的局部过程进行管理，已不适应现代设备管理发展的要求。一个以设备一生为对象，以追求设备寿命周期费用最经济为目的的管理理论和管理体系逐步形成。

企业为了实现其经营目标，在竞争中保持优势和获得最佳效益，就需要投资。企业投资的大部分是用于购置固定资产，而在固定资产中，设备一般占 70% 以上。因此，企业投资的主要部分是设备投资。

设备在使用期的维护保养、修理和使用管理固然重要，而设备前期管理却是使用期的先天条件，直接影响着设备使用的经济效果。因此，设备投资适当与否关系着企业将来的经济效益。

过去，我国实行的是计划经济体制，投资的主体是国家，企业经营者只注意投资的设备能否满足生产要求，对投资和追加投资的效益关心较少。随着经济体制改革的深化，绝大多数企业已将设备投资视为企业发展战略的重要组成部分，并将设备投资规划与实施纳入企业设备管理范畴，作为企业设备的前期管理的内容。

设备的前期管理，对于企业能否"保持设备完好，不断改善和提高企业技术装备水平，充分发挥设备效能，取得良好的投资效益"，起着关键性的作用，其重要性在于以下几个方面：

1）投资阶段决定了设备几乎全部寿命周期费用的 90%，也影响着企业产品成本。

2）投资阶段决定了企业设备的技术水平和系统功能，也影响着企业生产效率和产品质量。

3）投资阶段决定了设备的适用性、可靠性和维修性，也影响到企业设备效能的发挥和可利用率。

　　总之，设备的前期管理，不仅决定了企业技术装备的素质，关系着战略目标的实现，同时也决定了费用效率和投资效益。

　　设备的前期管理包括新建、扩建改造项目中有关的设备投资，对设备的追加投资和更新改造投资。所设置的设备从规划购置到安装，在正式转入固定资产前，设备动力部门参与这一阶段的管理工作。其工作内容包括：设备规划方案的调研、制订、论证和决策；设备市场货源调查和信息的收集、整理、分析；设备投资计划的编制、费用预算、实施程序；设备采购、订货、合同管理；自制设备的设计、制造；设备安装、调试运转；设备使用初期管理；设备投资效果分析、评价和信息反馈等。从系统的观点来看，设备前期管理与后期管理构成了完整的设备寿命周期管理循环系统，如图 2-1 所示。

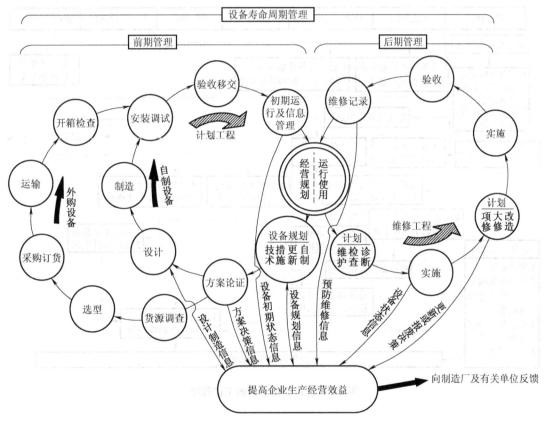

图 2-1　企业设备寿命周期管理循环系统图

第二节　设备前期的管理工作程序

　　设备前期管理一般应当做好以下工作：

　　1）首先要做好设备的规划和选型工作，加强可行性的论证，不但要考虑设备的功能必须满足产品产量和质量的需要，而且要充分考虑设备的可靠性和维修性要求。

　　2）购置进口设备时，除了认真做好选型外，应同时索取、购买必要的维修资料和备件。

3）在设备到货前，应及早做好安装、试车的准备工作。

4）进口设备到货后，应及时开箱检验和安装调试，如发现数量短缺和质量问题，应在索赔期内提出索赔。

5）企业应组织设备管理和使用人员参加自制设备的设计方案审查、检验和技术鉴定，设备验收时应有完整的技术资料。

6）设备制造厂与用户之间应建立设备使用信息反馈制度，通过改进设计，不断提高产品质量，改善可靠性和维修性。

设备前期管理的工作程序如图2-2所示。

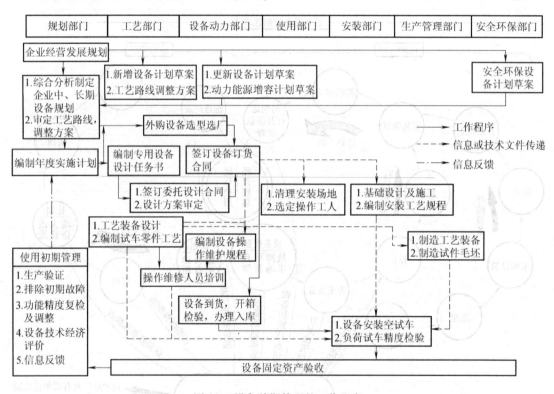

图2-2　设备前期管理的工作程序

第三节　设备规划的制订

一、设备规划的内容

企业设备规划是企业生产经营发展总体规划的重要组成部分。设备规划主要包括企业设备更新规划、企业设备现代化改造规划、企业新增设备规划。

（1）企业设备更新规划　企业设备更新规划是指用优质、高效、低耗、功能好的新型设备更换旧设备的规划。

企业设备更新规划必须与产品换代、技术发展规划相结合。对更新项目必须进行可行性分析，适应相关技术发展、更新后经济效果明显的设备才能立项。

（2）企业设备现代化改造规划　设备现代化改造是用现代技术成果改变现有设备的部分结构，给旧设备装上新部件、新设置、新附件，改善现有设备的技术性能，使其达到或局部达到新型设备的水平。这种方法投资少，针对性强，见效快。

企业设备现代化改造规划，就是将生产发展需要、技术上可行、经济上合理的设备改造项目列入企业现代化改造计划。

（3）新增设备规划　为满足生产发展需要，在考虑了提高现有设备利用率，以及设备更新和改造等措施后还需增加设备的计划。

二、编制设备规划的依据

编制企业设备规划的主要依据有：生产经营发展的要求；设备的技术状况；国家政策（节能、节材）的要求；国家劳动安全和环境保护法规的要求；国内外新型设备发展和科技信息；可筹集用于设备投资的资金。

对于投资资金的筹集，国务院在转换经营机制条例中规定："企业可以将生产发展基金用于购置固定资产，进行技术改造，开发新产品或者补充流动资金，也可以将折旧费、大修理费和其他生产性资金合并用于技术改造或者生产性投资。"

三、设备规划的编制程序

设备规划就是按上述依据，通过初步的技术经济分析来确定设备改造、更新和新增规划的项目及进度计划。

设备规划的编制，应在分管设备副厂长或总工程师领导下，由总师办或设备规划部门负责，自上而下地进行编制。编制程序如图2-3所示。

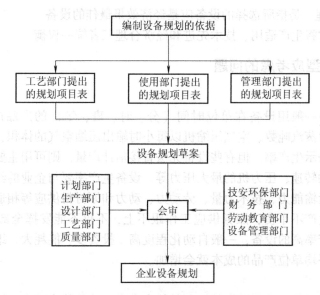

图2-3　设备规划编制程序示意图

首先，由设备使用部门、工艺部门和设备管理部门根据企业经营发展规划的要求，提出设备规划的项目申请表。对设备规划项目必须进行初步的经济分析，从几个可行方案中选择最佳方案。

其次，由总师办或规划部门汇总各部门的项目申请表，进行综合平衡，提出企业经济效益和社会效益最佳的设备规划草案，送交计划、设计、工艺、质量、设备、环保、财务、劳动教育、生产等部门会审。

最后，由总师办或设备规划部门根据会审意见修改规划草案，编制设备规划，经主管副厂长或总工程师审查后报厂长批准，再下达实施。

第四节　外购设备的选型与购置

一、设备选型应遵循的原则

外购设备的选型，是指通过技术与经济方面的分析、评价和比较，从可以满足相同需要的多种型号、规格的设备中选购最佳者的决策。设备无论是从外厂购进的，还是企业自行制造的，设备选型都是十分关键的。企业中有些设备本身并无毛病，但长期不能发挥作用，往往是设备选型不当造成的。因此，合理地选择设备，可使有限的投资产生更大的技术经济效益。

设备选型应遵循的原则如下：

（1）生产适用　是指选择的设备适合企业现产品和待开发产品生产工艺的实际需要。只有生产上适用的设备才能发挥其投资效果，创造出高效益。

（2）技术先进　它以生产适用为前提，以获得最大经济效益为目的。既不可脱离我国的国情和企业的实际需要而一味追求技术先进，也要防止选择技术落后的设备投入生产而低效率地运转。

（3）经济合理　是指所选择的设备应是经济效果最佳的设备。

实际中，通常将生产适用、技术先进和经济合理三者统一权衡。

二、设备选型应考虑的问题

1. 生产率

设备的生产率一般用设备在单位时间（分、时、班、年）的产品产量来表示。例如，锅炉以每小时蒸发蒸汽吨数、空气压缩机以每小时输出压缩空气的体积、发动机以功率、流水线以节拍等来表示生产率。但有些设备无法直接估计产量，则可用主要参数来衡量，如车床的中心高、主轴转速、压力机的最大压力等。设备生产率要与企业的经营方针、工厂的规划、生产计划、运输能力、技术力量、劳动力、动力和原材料供应等相适应，不能盲目要求高生产率，否则生产不平衡，服务供应工作跟不上，不仅不能发挥全部效率，反而造成损失。这是因为生产率高的设备，一般自动化程度高、投资多、能耗大、维护复杂，如果不能达到设计产量，平均单位产品的成本就会增加。

2. 工艺性

机器设备要满足的要求最基本的一条是符合产品工艺的技术要求，设备满足生产工艺要求的能力称为工艺性。例如：金属切削机床应能保证所加工零件的尺寸精度、几何精度以及表面质量的要求，需要坐标镗床的场合很难用铣床代替；加热设备要满足产品工艺的最高和最低温度要求、温度均匀性和温度控制精度等。除上述基本要求外，设备操作控制的要求也很重要，一般要求设备操作轻便、控制灵活。对产量大的设备，要求其自动化程度高；对于进行有毒有害作业的设备，则要求能自动控制或远距离监督控制等。

3. 可靠性

机器设备，不仅要求其有合适的生产率和令人满意的工艺特性，而且要求其不发生故障，这样就产生了可靠性概念。可靠性只能在工作条件和工作时间相同的情况下才能进行比较，所以其定义是：系统、设备、零件、部件在规定的时间内，在规定的条件下完成规定功能的能力。

定量测量可靠性的标准是可靠度。可靠度是指系统、设备、零件、部件在规定的条件下，在规定的时间内能毫无故障地完成规定功能的概率。它是时间的函数。用概率表示抽象的可靠度以后，设备可靠性的测量、管理、控制、保证才有计量的尺度。

要认识到设备故障可能带来的重大经济损失和人身事故，尤其在设备趋向大型化、高速化、自动化、连续化的情况下，故障造成的后果将更为严重。选择设备可靠性时，要求设备平均故障间隔期越长越好，可以具体地从设备设计选择的安全系数、储备设计（又称冗余设计，是指对完成规定功能而设计的额外附加的系统或手段，即使其中一部分出现了故障，但整台设备仍能正常工作）、耐环境（日晒、温度、砂尘、腐蚀、振动等）设计、元器件稳定性、故障保护措施、人机因素（不易造成操作差错，发生操作失误时可防止设备发生故障）等方面进行分析。

4. 维修性

维修性是指通过修理和维护保养手段，来预防和排除系统、设备、零件、部件等故障的难易程度。其定义是：系统、设备、零件、部件等在进行修理时，能以最小的资源消耗（人力、设备、仪器、材料、技术资料、备件等），在正常条件下顺利完成维修的可能性。同可靠性一样，对维修性也引入一个定量测定的标准——维修度。维修度是指能修理的系统、设备、零件、部件等按规定的条件进行维修时，在规定时间内完成维修的概率。

影响维修性的因素有易接近性、易检查性、坚固性、易装拆性、零部件标准化和互换性、零件的材料和工艺方法、维修人员的安全、特殊工具和仪器、备件供应、生产厂的服务质量等。虽然我们希望设备的可靠度能高些，但可靠度达到一定程度后，再继续提高就越来越困难了。相对微小地提高可靠度，会导致设备的成本费用呈指数规律增长，所以可靠性可能达到的程度是有限的。因此，提高维修性，减少设备因故障修复到正常工作状态的时间和费用就相当重要了。于是，产生了广义可靠度的概念，它包括设备不发生故障的可靠度和排除故障难易的维修度。

5. 经济性

选择设备时所讲的经济性所指的范围特别大，若想用一句话对经济性加以定义是非常困难的，但必须说明选择设备时的经济性要求：最初投资少，生产效率高，耐久性长，能耗及原材料消耗少，维修和管理费用少，节省劳动力等。

最初投资包括购置费、运输费、安装费、辅助设施费、起重运输费等。耐久性是指零件、部件在使用过程中物质磨损允许的自然寿命。对于由很多零部件组成的设备，则以整台设备的主要技术指标（如工作精度、速度、效率、生产率等）达到允许的极限数据的时间来定义耐久性。自然寿命越长每年分摊的购置费用越少，平均每个工时费用中设备投资费所占比重越小，生产成本越低。但设备技术水平在不断提高，设备可能在自然寿命周期未达到以前由于技术落后而被淘汰。因此，要求不同类型的设备具有不同的耐久性，如精密、重型设备最初投资大，但寿命长，其全过程的经济效果就好；而简易专用设备随工艺发展而改变，就不必有太长的自然寿命。能耗是单位产品能源的消耗量，是一个很重要的指标。评价能耗的大小时，不仅要看消耗量的大小，还要看使用什么样的能源，因为不同能源的经济效果不同。我国虽然资源很丰富，但按人口平均的能源资源并不高，所以节能对我们来说是一个尖锐而突出的问题。上述因素有些相互影响，有些相互矛盾。当一个指标的经济性好时，必然使另一项指标的经济性变差，不可能保证各项指标同时都是最经济的，但可以根据企业具体情况以某几个因素为主，参考其他因素来进行分析计算，综合平衡对这些指标要求。

6. 安全性

安全性是指设备对生产安全的保障性能，设备应具有必要的和可靠的安全防护设施，避免带来人身事故和经济损失。

7. 环境保护性

环境保护性是指设备的噪声和排放的有害物质对环境污染的程度。环境保护越来越受到人们的重视，已被全世界的人们所关注。因此，在选择设备时，要尽量选择把噪声和排放的有害物质控制在保障人体健康和环境保护的标准范围之内的设备。

上面是选择设备时应考虑的主要因素，除此之外还有制造厂的产品质量、交货期、价格、设备制造厂家的信誉和售后服务等。

由于企业的具体情况不同，上述各种因素对企业的影响程度也不同，因此企业在选择设备时对各个因素考虑的侧重程度也就不同。

三、设备选型的步骤

设备的选型（包括确定制造厂家）要注意调查研究，采取三次"选择"的方法。由图2-4所示，设备选型步骤如下：

1）预选。它是在广泛收集设备市场货源情报的基础上进行的。货源情报的来源包括产品样本、产品目录、电视广告、报刊广告、网络广告等，制造厂家销售人员上门推销提供的信息，从展销会上收集到信息，代理商或有关专业人员提供的情报等。将这些信息分类汇集、编辑索引，从中选一些可供选择的机型和厂家。这就是为设备选型提供信息的预选过程。

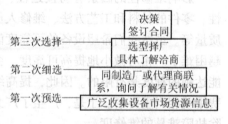

图2-4   设备选型步骤图

2）细选。它是在预选的基础上进行的。首先要对预选的机型和厂家进行调查、联系和询问，详细了解产品的各种技术参数、效率、精度、性能；制造厂的服务质量和信誉，使用单位对其产品的反映和评价；货源及供货时间；订货渠道、价格及随机附件等情况；做好调查记录，并填写"设备货源调查表"，见表2-1。然后进行分析、比较，从中再选出几个希望的机型和厂家。

表 2-1　设备货源调查表

（正面）　　　　　　　　　　　　　　　　　　　　　　　　　　（背面）

设备目的					
设备名称	型　号	规　格	制造厂		
制造厂详细地址		调查单位、对象			
主要数据和特性	序号	项目	标准值或规定特性	国内最高水平	实际能达到的水平	评价

配套情况	
该设备结构的优点或缺点	
质量情况	

能提供的服务	备件配件供应	维修	改造
能提供的资料	技术资料	维修性	可靠性
价格情况	市场价格	制造厂优惠价格	与其他厂比较的评价
对本企业产品适应的评价			
综合评价			

调查人员	单位	姓名	职务	调查日期

填报日期　　　年　月　日

　　3）选择。首先，要在细选的基础上与选出的机型和厂家进一步联系接洽，必要时作专题调查和了解。对需要进一步落实的关键设备，要到制造厂或这种设备的使用厂实地进行深入细致的观察和了解，并进行必要的加工和产品切削试验，针对有关问题（如附件、附具、图样资料、备件的供应，设备的结构和精度、性能改善的可能性，价格及优惠问题，交货期等）同生产厂家进行交谈，并做详细记录。也可与制造厂或代理商草签会谈备忘录或协议等。然后，由设备、工艺技术、计划和使用部门共同评价，选出最理想的机型和厂家作为第一方案（同时也要准备第二、第三方案，以便订货过程中出现新情况时备用）。最后，由主管领导决策批准，正式签订合同。这样，便完成了设备选型的全过程。

　　在设备选型过程中，对一些关键设备，价格昂贵、数量多或整条生产线的设备，除采用上述多次筛选法外，还应通过必要的技术经济分析和评价来进行优选。

四、设备的订货

　　设备的订货就是根据企业设备投资规划中最后决策所列出的外购设备明细表，按质量、数量、交货期的要求，向供方进行询价、报价、磋商、签约和按约收货。

1. 订货程序

订货程序如图2-5所示，设备采购部门按外购设备明细表先进行市场货源调查，向制造厂和供应商询价和了解供货情况，收集各种报价和供货的可能并做出评价选择，同制造厂就某些细节进行磋商，最后签订订货合同或订货协议，由双方签章后便具有法律效力。

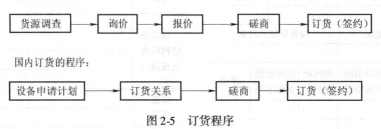

图2-5 订货程序

凡被纳入国家计划的设备投资项目，若是国内生产的设备，一律由需用单位向主要主管部门提出申请计划，批准后由上级下达分配指标，直接向指定生产厂家联系签约订货，或由上级或物资主管部门调拨。

2. 订货合同

所谓合同，即是供需双方达成的一致性协议，经双方签章后便具有法律效力。设备订货合同应注意以下各点：

1）合同的签订以往来函电的洽商结果为依据。

2）合同必须明确表达供需双方的意见，方案准确，无漏洞。

3）合同必须符合国家的经济法令、政策和规定。

4）合同必须考虑可能发生的各种变动因素，并列入防止和解决的方法。

5）签订合同必须手续完备，填写清楚。

3. 订货合同的内容

设备订货合同一般包括以下内容。

1）设备的名称、规格、型号等。

2）数量和质量。计算单位和数量、设备的技术标准和包装标准等。

3）价款。产品的价款、结算方法、结算银行、账号等。

4）履行的期限、地点和方式。交货期、运输方式、交货单位、收货单位、到货地点（到站、港）、交（提）货日期和检验方法等。

5）违约责任。违反合同的处理方法和罚金、赔偿损失的范围和赔款金额等。

6）其他。

4. 合同管理

订货合同及协议书（包括附件和补充材料）、订货过程中的往返电函和订货凭证，都应妥善管理，以便订货过程中查询和执行合同时备查，并作为解决供需双方可能发生的矛盾的依据。合同应进行登记（见表2-2）并记录执行中发生的事项，设立专门的登记台账和档案。国外设备订货的往返电报和函件、附加协议、双方商谈纪要、预付款单据（包括原稿和译文）等，都应视为合同的附件进行登记和归类管理。

表 2-2　设备订货合同登记表

序号	计划号	合同号	设备名称	型号、规格	计划数量	订货数量	供货单位或乙方	单价	金额	交货期	乙方开户行账号	付款情况	到货日期	到货件数	外观质量	备注

第五节　自制设备的管理

为了适应企业的生产发展，企业往往要自行设计制造一些单工序或多工位的高效专用设备及非标准设备等。这是企业挖潜革新，发挥本身的技术优势，争取时间，获得经济效益的好办法。

一、自制设备的管理范围

自制设备的管理包括编制计划、方案讨论、样机设计、试制鉴定、质量管理、资料归档、费用核算、验收移交等全部工作。这些工作应由设备动力部门参与或负责。其主要工作内容如下：①编制设计任务书；②审查设计方案；③编制计划与费用预算表；④试制与鉴定样机；⑤质量检查；⑥验收落户（转入固定资产）；⑦技术资料归档；⑧总结评价与信息反馈。

二、自制设备设计时应考虑的因素

1）提高零、部件标准化、系列化、通用化水平。
2）提高设备结构的维修性。
3）使用先进的结构、材料、工艺，以提高零、部件的耐久性和可靠性。
4）注意使用状态监测、故障报警和故障保护措施。
5）尽量减少保养工作量。

三、职责分工

自制设备的管理主要是设计、制造和费用两方面的管理。企业自制设备可实行经济合同的办法，采用在企业内部签订技术协议书的简便手续。设计任务书是根据技术协议书编制的，由需要单位与技术部门共同完成。

自制设备的设计方案及全部图样资料等技术文件，由承担设计的单位（工艺或设备部门）提供。

在自制设备制造过程中，由设备制造车间（或机修车间）负责编制工艺、工装检具的设计等技术工作。

四、自制设备的验收

自制设备管理中最重要的环节是质量鉴定和验收工作。应依据设计任务书和图样要求所规定的验收条件，召开由主管领导主持，有关部门参加的自制设备鉴定验收会议，对自制设备进行全面的技术、经济评价和鉴定，合格后由质量检查部门发给合格证。安装调试合格后，由设计、制造部门向设备动力部门办理移交手续，设计单位应将修改后的完整的技术资料及其他设计数据和文件全部移交给设备动力部门签收归档，制造单位应将全部质量检验合格证书，制造过程中的技术文件、图样等修改文件的凭证，工艺试验资料，以及制造费用结算成本等，移交设备动力部门签收。

自制设备在规定的保用期内，应由设计、制造单位提供技术服务工作。在使用初期要加强信息管理，有关部门要及时将使用效果的信息反馈给设计、制造部门，以达到提高自制设备质量的目的。

第六节　进口设备的订货管理

一、进口设备管理的重要意义

进口设备一般价格昂贵，技术复杂，备件供应困难，涉外手续繁杂，并且多数为企业重点关键设备。为了充分发挥进口设备的效能，提高经济效益，加强进口设备管理，特别是加强进口设备的前期管理有着十分重要的意义。

按照统一领导、分级管理的原则，企业主管部门应负责对企业进口设备全过程管理的业务指导和监督检查工作，并负责组织协调解决好备件的供应问题。企业的厂长、专业管理人员、技术人员和操作工人，应根据职责分工，对保持设备完好状态负直接责任，并作为考核奖励的重要依据。企业应明确设备管理部门必须参与进口设备的前期管理、参加出国考察和培训等技术工作，并负责安装、调试、验收、使用、维护、检修、改造直至报废的全过程综合管理，以达到寿命周期费用最经济。

改革开放以来，我国引进了大批先进的技术和设备，对现代化建设发挥了重要的作用。在进口设备的管理和维护修理方面，取得了以下的经验和成绩：

（1）建立管理制度　制定了进口设备管理制度，提高了管理水平。

（2）重视进口设备的维修改造　各级管理部门和企业充实了检测手段，提高了维修技术队伍水平，培训了后备力量。工业城市维修网点和外商在华设立的维修服务中心已能提供必要的技术服务、专业维修厂（站）的技术水平不断提高。

（3）配件自给率不断提高　进口设备备件国产化和备件协作取得了重要成果。在进口备件协作方面，很多行业建立了协作组和联合体，沟通了备件国产化信息渠道，加快了国产化备件开发，建立了国产化备件供应中心，并开展随机备件的余缺调剂。国防工业部门大力支持地方企业，研制和生产供应进口设备配件，发挥了重要作用。

二、进口设备管理工作存在的问题

目前进口设备管理工作仍存在如下一些主要问题：

1）一些企业及其主管部门忽视进口设备的前期管理，盲目贪大求洋，设备购进之后利用率低，经济效益不佳。有的企业由于选型不当，机型杂乱、互不配套，设备安装以后不能投入正常使用。有的外商以劣充优，坑骗我方。

2）一些进口的数控机床、加工中心等高精生产设备，因为缺乏必需的备品配件和润滑油品，影响生产的正常进行。

3）不少企业维修技术力量不足，不能适应维修高级、精密设备的技术要求。

第七节　设备的借用与租赁

企业内部单位之间设备的借出与借入称为设备的借用。设备租赁指企业单位之间设备的租入与租出。

对借用的设备，借出单位应收取折旧费用，借入单位可按月向借出单位缴纳相应的折旧费用。借用设备的日常维修、预防性修理及有关考核由借入单位负责。对长期借用的设备，主管部门应办理调动手续和资产转移，以利于资产管理。

对于设备租赁，从性质上看是一种借贷资本的运动形式；从作用上看，既是一种信贷贸易方式，也是一种筹集资金的手段。作为信贷贸易方式，租赁制是由承租人定期定额交付租金，取得一个时期甚至整个寿命周期的设备使用权，这与分期付款购买商品颇为相似。作为筹资手段，设备租赁是承租人初期只支付了相当于设备原值一小部分的租金就获得了需要一次投入大量资金才能购得的设备的使用权，这又类似于信用贷款，让承租企业借入了发展生产所需的长期资金。现代设备的租赁业务是 20 世纪 50 年代最先在美国出现的，20 世纪 60 年代扩展到西欧、日本，20 世纪 70 年代逐步扩展到发展中国家。现在，租赁业务在工业发达国家已相当活跃，年成交额达上万亿美元。

我国的设备出租业于 20 世纪 80 年代开始起步。现在，全国性、地区性专营、兼营租赁业务的机构已在全国各地纷纷建立，年成交额也在逐年上升。

1. 设备租赁的特点

1）承租人用租进设备所产生的收入购买设备使用权。

2）在租赁期内，设备所有权属出租人，使用权属承租人。

3）租赁期一般为 3 ~ 5 年（也可长达 10 年以上），租金按月、季或年平均支付，租金率固定。

4）租赁期满，承租人一般可以有 3 种选择：退还、续租、购买该设备。

5）许多国家对经营租赁业务的出租人，在税收方面给予享受加速折旧和投资减税的优惠；对承租人所支付的租金，允许从税前利润中扣除。

2. 设备租赁的优越性

1）利用少量资金就能得到急需的设备，从而加速提高设备的技术水平，增强企业的竞争能力。

2）可以保持资金的流动状态，提高资金利用率。租赁设备一般每年只需支付相当于设备原值 10% ~ 20% 的租金，大幅度减少了企业在固定资产上的投入，使大部分资金仍然流动，从而促进资金周转，防止企业资金呆滞。

3）可以减少技术落后的风险。当前，科学技术发展迅速，设备更新换代的周期大大缩短。企业根据生产需要短期（1~2年）租用设备，需用则租，不用则退，与购置设备长期使用相比，可以减少因技术落后、设备磨损严重所带来的风险和经济损失。

4）可以促进企业加强经济核算，改善设备管理。租赁设备必须按时支付租金，促进企业在租赁之前仔细论证，慎重决策；租用后加强管理，提高利用率，充分发挥设备效能，多创效益，减少损失。

第八节　设备的安装

按照设备工艺平面布置图及有关安装技术要求，将已到货并经开箱检查的外购设备或大修、改造、自制的设备，安装在规定的基础上，进行找平、稳固，达到安装规范的要求，并通过调试、运转、验收使之满足生产工艺的要求，以上工作称为设备安装。

一、设备的开箱检查

设备的开箱检查由设备采购、管理部门组织安装部门、工具工装及使用部门参加，进口设备的开箱要有海关检验机关的代表参加。开箱检查的主要内容如下：

1）检查处理包装情况。

2）按照装箱单清点零件、部件、工具、附件、备品、说明书和其他技术文件是否齐全，有无缺损。

3）检查设备有无锈蚀，如果有锈蚀应及时处理防锈。

4）凡属未清洗过的滑动面严禁移动，以防研损。清除防锈油时最好使用非金属刮具，以防损伤设备。

5）不需要安装的备品、附件、工具等，应注意移交，妥善装箱保管。

6）核对基础图和电气线路图与设备实际情况是否相符。

7）检查后给出详细的检查记录，对严重锈蚀、破损等情况，最好拍照或图示说明，以备查询，并作为向有关单位进行交涉、索赔的依据，同时也作为该设备的原始资料入档。

二、设备的安装基础

安装基础对设备的安装质量、设备精度的稳定性和保持性以及加工产品的质量等，均有很大影响。往往由于基础质量达不到规定标准而使设备产生变形，丧失精度而不能加工出合格产品。因此，必须重视设备基础的设计和制作质量，使之符合有关规范，如基础设计的一般规范、金属切削机床基础要求、锻锤冲压基础要求等。尤其是对大型、精密、重型机床和引进设备的基础，更应十分注重质量，要严格按规范和要求办。

三、设备的安装过程

1. 设备定位

在设计车间设备工艺平面布置图时，对设备的定位应考虑如下因素：

1）产品工艺过程及部件联合加工的需要。

2）方便工件存放、运输和便于清除切屑。

3）设备主体、附属装置的外形尺寸。

4）满足设备安装、维修、操作安全的要求。

5）厂房的跨度，门的宽度、高度。

6）国家有关设备平面布置的规定。

2. 设备安装找平

设备安装找平的目的是保持其稳固性，减轻振动，避免变形，防止不合理磨损及保证加工精度等。找平的要求如下：

1）设备安装水平及选择找平基准面的位置按说明书和（GB 50231—2009）《机械设备安装工程施工及验收通用规范》的规定。

2）安装垫铁的选用应按照说明书和有关设计、设备技术文件对垫铁的规定。

3）地脚螺钉、螺母和垫圈的规格，应符合说明书、设计的规定。

四、设备的调试和验收

1. 设备的调试和试运转

一般通用设备的调试工作包括清洗、检查、调整、试车，由使用单位组织进行。精、大、稀、关键设备以及特殊情况下的调试，由设备动力部门会同工艺技术部门组织。自制设备由制造单位调试，设计、工艺、设备、使用部门参加。

设备的试运转一般可分为空运转试验、负荷试验、精度试验 3 种。

（1）空运转试验　其目的是检验设备安装精度的保持性、设备的稳固可靠性，传动、操纵、控制等系统在运转中状态是否正常。

（2）负荷试验　主要检验设备在一定负荷下的工作能力，以及各组成系统的工作是否正常、安全、稳定、可靠。

（3）精度试验　一般应在正常负荷试验后按说明书的规定进行。

设备试运转后应做好各项检验工作的记录，根据试验情况填写出"设备精度检验记录"一式 3 份，分别交给移交部门、使用部门和设备动力部门留存。

2. 设备的验收和移交

1）设备基础的施工验收由土建部门质量检查员会同土建施工员进行验收，并填写"设备基础施工验收单"。

2）设备安装工程的验收在设备调试合格后进行，由设备管理部门、工艺技术部门协同组织安装检查，使用部门有关人员参加，共同鉴定。设备管理部门和使用部门双方签字确认后方为竣工。

3）设备安装工程的移交由购置单位办理。

第九节　设备使用初期的管理

设备使用初期的管理，是指设备安装投产运转后初期使用阶段的管理，包括从安装试运转到稳定生产这一观察时期（一般为半年左右）内的设备调整试车、使用、维护、状态监测、故障诊断、操作人员的培训、维修技术信息的收集与处理等全部工作。

加强设备使用初期的管理是为了使投产的设备尽早达到正常稳定的良好状态，满足生产率和质量的要求，同时可发现设备前期管理中存在的问题，尤其可及时发现设备设计与制造中的缺陷和问题并进行信息反馈，提出新设备的改进意见，并为今后的规划、决策提供可靠的依据。使用初期管理的主要内容包括以下几个方面：

1）设备初期使用中的调整试车，使其达到原设计预期的功能。

2）操作工人使用、维护的技术培训工作。

3）对设备使用初期的运转状态进行观察、记录和分析处理。

4）稳定生产、提高设备生产效率方面的改进措施。

5）开展使用初期的信息管理，制订信息收集程序，做好初期故障的原始记录，填写出设备初期使用鉴定书、调试记录等。

6）使用部门要提供各项原始记录，包括实际开动台时数、使用条件、使用范围，零部件损伤和失效记录，早期故障记录及其他原始记录。

7）对典型故障和零、部件失效情况进行研究，提出改善措施和对策。

8）对设备原设计或制造上的缺陷，提出合理化改进建议，采取改善性维修和措施。

9）对使用初期的费用与效果进行技术经济分析，并做出评价。

10）对使用初期所收集的信息进行分析处理。

设备前期管理中最关键的是设计选型时的决策工作，称为前期管理的决策点。一旦决策错误，今后的损失就很难挽回。因此，前期管理务必要把住决策这一关，而搞好这项工作又首先要建立设备整个寿命周期的管理系统，其中包括信息系统。前期管理决策时，要使用初期及后期使用维修所提供的设备规划方面的信息、设备设计结构改造的信息、提高制造质量的信息。这些信息包含了管理、技术、经济三方面的综合数据。设备前期的信息管理是整个设备寿命周期管理信息系统中的一个分支部分，它的信息有外来的和内生的，而主要来自使用、维修部门的反馈。它直接为企业的设计、规划、采购单位提供可靠的信息，也可向外部制造厂或有关部门反馈信息。

思 考 题

2-1 什么是设备的前期管理？设备前期管理的重要性是什么？

2-2 设备投资规划的主要依据是什么？

2-3 设备选型的原则是什么？应考虑哪几个问题？

2-4 自制设备设计时应考虑的因素有哪些？

第三章

设备资产管理

设备资产是企业固定资产的重要组成部分，是进行生产的技术物质基础。本书所述设备资产管理，是指企业设备管理部门对属于固定资产的机械、动力设备进行的资产管理。要做好设备资产管理工作，设备管理部门、使用单位和财会部门必须同心协力、互相配合。设备管理部门负责设备资产的验收、编号、维修、改造、移装、调拨、出租、清查盘点、报废、清理、更新等管理工作；使用单位负责设备资产的正确使用、妥善保管和精心维护，并对其保持完好和有效利用直接负责；财会部门负责组织制定固定资产管理责任制度和相应的凭证审查手续，并协助各部门、各单位做好固定资产的核算及评估工作。

设备资产管理的主要内容包括生产设备的分类与资产编号、重点设备的划分与管理、设备资产管理基础资料的管理、设备资产变动的管理、设备的库存管理、设备资产的评估。

第一节 固定资产

企业的固定资产是企业资产的主要构成项目，是企业固定资金的实物形态。企业的固定资产在企业的总资产中占有较大的比重，在企业生产经营活动中起着举足轻重的作用，作为改变劳动对象的直接承担者——设备，又占固定资产较大的比重，设备是固定资产的重要组成部分。因此，在研究设备管理之前，首先要了解固定资产。

一、固定资产的特点

作为企业主要劳动资料的固定资产，主要有以下三个特点：

1）使用期限较长，一般超过一年。固定资产能多次参加生产过程而不改变其实物形态，其减少的价值随着固定资产的磨损逐渐地、部分地以折旧形式计入产品成本，并随着产品价值的实现而转化为货币资金，脱离其实物形态。随着企业再生产过程的不断进行，留存在实物形态上的价值不断减少，而转化为货币形式的价值部分不断增加，直到固定资产报废时，再重新购置，在实物形态上进行更新。这一过程往往持续很长时间。

2）固定资产的使用寿命需合理估计。由于固定资产的价值较高，它的价值又是分次转移的，所以应估计固定资产的使用寿命，并据以确定分次转移的价值。

3）企业供生产经营使用的固定资产，以经营使用为目的，而不是为了销售。例如一个机械制造企业，其生产零部件的机器是固定资产，生产完工的机器（是准备销售的机器）则是流动资产中的产成品。

二、固定资产应具备的条件

供企业长期使用，多次参加生产过程，价值分次转移到产品中去，并且实物形态长期不变的实物，并不都属于固定资产，满足下列条件的可称为固定资产。

1）使用期限超过一年的房屋及建筑物、机器、机械、运输工具以及其他与生产经营有关的设备、器具及工具等。

2）与生产经营无关的主要设备，但单位价值在5000元以上，并且使用期限超过两年的物品。

从以上条件可以看出，对与生产经营有关的固定资产，只规定使用时间一个条件，而对与生产经营无关的主要设备，同时规定了使用时间和单位价值标准两个条件。凡不具备固定资产条件的劳动资料，均列为低值易耗品。有些劳动资料具备固定资产的两个条件，但由于更换频繁、性能不够稳定、变动性大、容易损坏或者使用期限不固定等原因，也可不列作固定资产。固定资产与低值易耗品的具体划分，应由行业主管部门组织同类企业制订固定资产目录来确定。列入低值易耗品管理的简易设备，如砂轮机、台钻、手动压床等，设备维修管理部门也应建账管理和维修。

三、固定资产的分类

为了加强固定资产的管理，根据财会部门的规定，对固定资产按不同的标准作如下分类：

（1）按经济用途分类　有生产经营用固定资产和非生产经营用固定资产，生产经营用固定资产是指直接参加或服务于生产方面的在用固定资产；非生产经营用固定资产是指不直接参加或服务于生产过程，而在企业非生产领域内使用的固定资产。

（2）按所有权分类　有自有固定资产和租入固定资产。在自有固定资产中又有自用固定资产和租出固定资产两类。

（3）按使用情况分类　有使用中的、未使用的、不需用的、封存的和租出的。

（4）按所属关系分类　有国家固定资产、企业固定资产、租入固定资产和工厂所属集体所有制单位的固定资产。

（5）按性能分类　有房屋、建筑物、动力设备、传导设备、工作机器及设备、工具、仪器、生产用具、运输设备、管理用具、其他固定资产。

四、固定资产的计价

固定资产的核算，既要按实物数量进行计算和反映，又要按其货币计量单位进行计算和反映。以货币为计算单位来计算固定资产的价值，称为固定资产的计价。按照固定资产的计价原则，对固定资产进行正确的货币计价，是做好固定资产的综合核算，真实反映企业财产和正确计提固定资产折旧的重要依据。在固定资产核算中常计算以下几种价值。

1. 固定资产原始价值

原始价值是指企业在建造、购置、安装、改建、扩建、技术改造某项固定资产时所支出的全部货币总额，它一般包括买价、包装费、运杂费和安装费等。企业由于固定资产的来源不同，其原始价值的确定方法也不完全相同。从取得固定资产的方式来看，有调入、购入、接受捐赠、融资租入等多种方式。下面分这几种情况进行说明。

（1）购入固定资产　购入是取得固定资产的一种方式。购入的固定资产同样也要遵循历史成本原则，按实际成本入账，即按照实际所支付的购价、运费、装卸费、安装费、保险费、包装费等，记入固定资产的原值。

（2）借款购建　这种情况下的固定资产计价有利息费用的问题。为购建固定资产的借款利息支出和有关费用，以及外币借款的折算差额，在固定资产尚未办理竣工决算之前发生的，应当计入固定资产价值，在这之后发生的，应当计入当期损益。

（3）接受捐赠的固定资产的计价　这种情况下，所取得的固定资产应按照同类资产的市场价格和新旧程度估价入账，即采用重置价值标准；或者根据捐赠者提供的有关凭据确定固定资产的价值。接受捐赠固定资产时发生的各项费用，应当计入固定资产价值。

（4）融资租入的固定资产的计价　融资租赁有一个特点，就是在一般情况下，租赁期满后，设备的产权要转移给承租方，租赁期较长。租赁费中包括了设备的价款、手续费、价款利息等。为此，融资租入的固定资产按租赁协议确定的设备价款、运输费、途中保险费、安装调试费等支出计账。

2. 固定资产重置完全价值

重置完全价值是企业在目前生产条件和价格水平条件下，重新购建固定资产时所需的全部支出。企业在接受固定资产馈赠或固定资产盘盈时无法确定原值，可以采用重置完全价值计价。

3. 净值

净值又称折余价值，是固定资产原值减去其累计折旧的差额。它是反映继续使用中固定资产尚未折旧部分的价值。通过净值与原值的对比，可以一般地了解固定资产的平均新旧程度。

4. 增值

增值是指在原有固定资产的基础上进行改建、扩建或技术改造后增加的固定资产价值。增值额为由于改建、扩建或技术改造而支付的费用减去过程中发生的变价收入。固定资产大修理工程不增加固定资产的价值，但如果与大修理同时进行技术改造，则进行技术改造的投资部分，应当计入固定资产的增值。

5. 残值与净残值

残值是指固定资产报废时的残余价值，即报废资产拆除后留余的材料、零部件或残体的价值，净残值则为残值减去清理费用后的余额。

五、固定资产折旧

在固定资产的再生产过程中，同时存在着两种形式的运动：一是物质运动，它经历着磨损、修理改造和实物更新的连续过程；二是价值运动，它依次经过价值损耗、价值转移和价值补偿的运动过程。固定资产在使用中因磨损而造成的价值损耗，随着生产的进行逐渐转移到产品成本中去，形成价值的转移；转移的价值通过产品的销售，从销售收入中得到价值补偿。因此，固定资产的两种形式的运动是相互依存的。

固定资产折旧，是指固定资产在使用过程中，通过逐渐损耗而转移到产品成本或商品流通费中的那部分价值，其目的在于将固定资产的取得成本按合理而系统的方式，在它的估计有效使用期间内进行摊配。应当指出，固定资产的损耗分为有形和无形两种，有形损耗是固定资产在生产中使用和自然力的影响而发生的在使用价值和价值上的损失；无形损耗则是指由于技术的不断进步，高效能的生产工具的出现和推广，从而使原有生产工具的效能相对降低而引起的损失，或者由于某种新的生产工具的出现，劳动生产率提高，社会平均必要劳动量的相对降低，从而使这种新的生产工具发生贬值。因此，在固定资产折旧中，不仅要考虑它的有形损耗，而且要适当考虑它的无形损耗。

(一) 计算提取折旧的意义

合理地计算提取折旧，对企业和国家具有以下作用和意义：

1) 折旧是为了补偿固定资产的价值损耗，折旧资金为固定资产的适时更新和加速企业的技术改造、促进技术进步提供资金保证。

2) 折旧费是产品成本的组成部分，正确计算提取折旧才能真实反映产品成本和企业利润，有利于正确评价企业经营成果。

3) 折旧是社会补偿基金的组成部分，正确计算折旧可为社会总产品中合理划分补偿基金和国民收入提供依据，有利于安排国民收入中积累和消费的比例关系，搞好国民经济计划和综合平衡。

(二) 确定设备折旧年限的一般原则

各类固定资产的折旧年限要与其预定的平均使用年限相一致。确定平均使用年限时，应考虑有形损耗和无形损耗两方面因素。

确定设备折旧年限的一般原则如下：

1) 统计计算历年来报废的各类设备的平均使用年限，分析其发展趋势，并以此作为确定设备折旧年限的参考依据之一。

2) 设备制造业采用新技术进行产品换型的周期，也是确定折旧年限的重要参考依据之一。它决定老产品的淘汰和加速设备技术更新。目前，工业发达国家产品换型周期短，大修设备不如更新设备经济，因此设备折旧年限短，一般为 8～12 年，过去我国长期按 25～30 年计算折旧，不能适应设备更新和企业技术改造的需要，故近年来逐步向 15～20 年过渡；随着工业技术的发展，将会进一步缩短设备的折旧年限。

3) 对于精密、大型、重型稀有设备，由于其价值高而一般利用率较低，且维护保养较好，故折旧年限应大于一般通用设备。

4) 对于铸造、锻造及热加工设备，由于其工作条件差，故其折旧年限应比冷加工设备短些。

5) 对于产品更新换代较快的专用机床，其折旧年限要短，应与产品换型相适应。

6) 设备生产负荷的高低、工作环境条件的好坏，也影响设备使用年限。实行单项折旧时，应考虑这一因素。

设备折旧年限实际上就是设备投资计划回收期，过长则投资回收慢，会影响设备正常更新和改造的进程，不利于企业技术进步；过短则会使产品成本提高，利润降低，不利于市场销售，因此，财政部有权根据生产发展和适应技术进步的需要，修订固定资产的分类折旧年限和批准少数特定企业的某些设备缩短折旧年限。

(三) 折旧的计算方法

根据折旧的依据不同,折旧费可以分为按效用计算和按时间计算两种。按效用计算折旧就是根据设备实际工作量或生产量计算折旧,这样计算出来的折旧比较接近设备的实际有形损耗;按时间计算折旧就是根据设备实际工作的日历时间计算折旧,这样计算折旧较简便。对某些价值大而开动时间不稳定的大型设备,可按工作天数或工作小时来计算折旧,每工作单位时间(小时、天)提取相同的折旧费;对某些能以工作量(如生产产品的数量)直接反映其磨损的设备,可按工作量提取折旧,如汽车可按行驶里程来计算折旧。从计算提取折旧的具体方法上看,我国现行主要采用平均年限法和工作量法。工业发达国家的企业为了较快地收回投资、减少风险,以利于及时采用先进的技术装备,普遍采用加速折旧法。下面对上述几种计算折旧的方法加以介绍。

1. 平均年限法

平均年限法又称直线法,即在设备折旧年限内,按年或按月平均计算折旧。固定资产的折旧额和折旧率的计算公式如下:

$$A_年 = \frac{K_0(1-\beta)}{T} \tag{3-1}$$

式中　$A_年$——各类固定资产的年折旧额;

　　　K_0——各类固定资产原值;

　　　β——各类固定资产净残值占原值的比率(取 3% ~ 5%);

　　　T——各类固定资产的折旧年限。

$$\alpha_年 = \frac{A_年}{K_0} \times 100\% \tag{3-2}$$

式中　$\alpha_年$——各类固定资产的年折旧率。

$$A_月 = \frac{A_年}{12} \tag{3-3}$$

式中　$A_月$——各类固定资产的月折旧额。

$$\alpha_月 = \frac{\alpha_年}{12} \tag{3-4}$$

式中　$\alpha_月$——各类固定资产的月折旧率。

2. 工作量法

对某些价值很高而又不经常使用的大型设备,采取工作时间(或工作台班)计算折旧;汽车等运输设备采取按行驶里程计算,这种计算方法称为工作量法。

(1) 按工作时间计算折旧

$$A_时 = \frac{K_0(1-\beta)}{T_时} \text{或} A_班 = \frac{K_0(1-\beta)}{T_班} \tag{3-5}$$

式中　$A_时$、$A_班$——单位小时及工作台班折旧额;

　　　$T_时$、$T_班$——在折旧年限内该项固定资产总工作小时及总工作台班定额;

　　　K_0,β——同式(3-1)。

(2) 按行驶里程计算折旧

$$A_{km} = \frac{K_0(1-\beta)}{L_{km}} \tag{3-6}$$

式中　A_{km}——某车型每行驶 1km 的折旧额；

　　　L_{km}——某车辆总行驶里程定额；

　　　K_0，β——同式（3-1）。

3. 加速折旧法

加速折旧法是一种加快回收设备投资的方法，即在折旧年限内，对折旧总额的分配不是按年平均，而是先多后少逐年递减。常用的有以下几种：

（1）年限总额法　将折旧总额乘以年限递减系数来计算折旧，见式（3-7）

$$A_i = \frac{T+1-t_i}{\sum\limits_{i=1}^{T} t_i} K_0(1-\beta)$$

$$= \frac{T+1-t_i}{1/2 T(T+1)} K_0(1-\beta) \tag{3-7}$$

式中　A_i——在折旧年限内第 i 年的折旧额；

　　　t_i——折旧年限内的第 i 年度；

T、K_0，β——同式（3-1）。$\dfrac{T+1-t_i}{1/2T(T+1)}$ 为年限递减系数。

（2）余额递减法　余额是指计提折旧时尚待折旧的设备净值，以其作为该项设备折旧的基数，折旧率固定不变，因此设备折旧额是逐年递减的，计算式如下

$$A_i = \alpha_年 Z_i \tag{3-8}$$

式中　A_i——同式（3-7）；

　　　Z_i——第 i 年提取折旧时的设备净值；

　　　$\alpha_年$——固定折旧率。

（四）计提折旧的方式

我国企业计提折旧有以下三种方式：

（1）单项折旧　即按每项固定资产的预定折旧年限或工作量定额分别计提折旧，适用于按工作量法计提折旧的设备和当固定资产调拨、调动和报废时分项计算已提折旧的情况。

（2）分类折旧　即按分类折旧年限的不同，将固定资产进行归类，计提折旧。这是我国目前要求实施的折旧方式。

（3）综合折旧　即按企业全部固定资产综合折算的折旧率计提总折旧额。这种方式计算简便，其缺点是不能根据固定资产的性质、结构和使用年限采用不同的折旧方式和折旧率。过去我国大部分企业采用此方法计提折旧。

第二节　设备的分类

准确地统计企业设备数量并进行科学的分类，是掌握固定资产构成、分析工厂生产能力、明确职责分工、编制设备维修计划、进行维修记录和技术数据统计分析、开展维修经济

活动分析的一项基础工作。设备分类的方法很多，可以根据不同需要从不同角度来划分。下面介绍几种主要分类方法。

一、按编号要求分类

工业企业使用的设备品种繁多，为便于固定资产管理、生产计划管理和设备维修管理，设备管理部门对所有生产设备必须按规定的分类进行资产编号，它是设备基础管理工作的一项重要内容。

1. 图号、型号、出厂号与资产编号的区别

对同一台设备来说，有图号、型号、出厂号和资产编号之分，它们有着不同的含义和用途。图号是指对设备进行设计时，其制造用图样的编号，用以区别其他设备的设计图样；对专用设备及其他非标准设备，其图号还起到代替型号的作用。设备管理部门可以利用设备图样编制设备的备件图册。

型号是设备产品的代号，一般用以区别不同设备的结构特性和型式规格。企业在设备选型订货及技术管理工作中，型号是大家公认的、最常用的一种称谓。例如，型号 MG1432，即最大磨削直径 320mm 的高精度万能外圆磨床。

出厂号是设备产品检验合格后，在产品标牌上标明的该设备的出厂顺序号，有的也称作制造厂编号，用以区别于其他出厂产品。当购方需要与制造厂联系处理所购设备的有关问题时，必须说明订货合同号、设备型号与出厂号。

资产编号用来区别设备资产中某一设备与其他设备，故每台设备均应有自己的编号。新设备安装调试合格验收后，由设备部门给予编号，并填入移交验收单中。使用单位的财会部门和设备管理维修部门据以建立账卡，纳入正常管理。

2. 设备分类

对设备进行分类编号的目的，一是可以直接从编号了解设备的属类性质；二是便于对设备数量进行分类统计，掌握设备构成情况。为了达到这一目的，国家有关部门针对不同的行业对不同设备进行了统一的分类和编号。机械工业企业可参阅《设备统一分类及编号目录》（见附录）及后来的修改补充规定。《设备统一分类及编号目录》将机械设备和动力设备分为若干大类别，每一大类别又分为若干分类别，每一分类别又分为若干组别，并分别用数字代号表示。

3. 设备编号

属于固定资产的设备，其编号由两段数字组成，两段之间为一横线。表示方法如图 3-1 所示。例如：顺序号为 20 的立式车床，从《设备统一分类及编号目录》中查出，大类别号为 0，分类别号为 1，组类别号为 5。其编号为 015—020；按同样方法，顺序号为 15 的点焊机，其编号为 753—015。

对列入低值易耗品的简易设备，亦按上述方法编号，但在编号前加"J"字，如砂轮机编号 J033—005；小台钻编号 J020—010 等。对于成套设备中的附属设备，如由于管理的需要予以编号时，可在设备的分类编号前标以"F"。

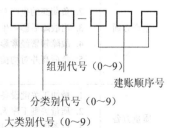

组别代号（0~9）
建账顺序号
分类别代号（0~9）
大类别代号（0~9）

图3-1　设备编号方法

二、按设备维修管理要求分类

为了分析企业拥有设备的技术性能和在生产中的地位，明确企业设备管理工作的重点对象，使设备管理工作能抓住重点、统筹兼顾，以提高工作效率，可按不同的标准从全部设备中划分出主要设备、大型精密设备、重点设备等作为设备维修和管理工作的重点。

1. 主要设备

根据国家统计局现行规定，凡复杂系数在 5 个以上的设备称为主要设备，该设备将作为设备管理工作的重点，例如设备管理的某些主要指标（完好率、故障率、设备建档率等），均只考核主要设备。应该说明的是，企业在划分主要设备时，可根据本企业的生产性质，不能完全以 5 个复杂系数为标准。

2. 大型和精密设备

机器制造企业将对产品的生产和质量有决定性影响的大型、精密设备列为关键设备。

大型设备：包括卧式、立式车床、加工件直径在 $\phi1000mm$ 以上的卧式车床、刨削宽度在 1000mm 以上的单臂刨床、龙门刨床等以及单台设备在 10t 以上的大型稀有机床。具体可参阅《设备管理手册》中的大型、重型稀有、高精度设备标准表。

精密设备：具有极精密机床元件（如主轴、丝杠），能加工高精度，低表面粗糙度值产品的机床，如坐标镗床、光学曲线磨床、螺纹磨床、丝杠磨床、齿轮磨床，加工误差 $\leq0.002mm/1000mm$ 和圆度误差 $\leq0.001mm$ 的车床，加工误差 $\leq0.001mm/1000m$、圆度误差 $\leq0.0005mm$ 及表面粗糙度 Ra 值在 $0.04\mu m$ 以下的外圆磨床等。具体可参阅《设备管理手册》。

3. 重点设备

确定大型、精密设备时，不能只考虑设备的规格、精度、价格、质量等固有条件而忽视了设备在生产中的作用。各企业应根据本单位的生产性质、质量要求、生产条件等，评选出对产品产量、质量、成本、交货期、安全和环境污染等影响大的设备，划分出重点设备，作为维修和管理工作的重点。列为精密、大型的设备，一般都可列入重点设备。

重点设备选定的依据，主要是生产设备发生故障后和修理停机时对生产、质量、成本、安全、交货期等诸方面影响的程度与造成生产损失的大小。具体依据见表3-1。

表3-1   重点设备的选定依据

影响关系	选定依据	影响关系	选定依据
生产方面	1. 关键工序的单一关键设备 2. 负荷高的生产专用设备 3. 出故障后影响生产面大的设备 4. 故障频繁经常影响生产的设备 5. 负荷高并对均衡生产影响大的设备	成本方面	1. 台时价值高的设备 2. 消耗动力能源大的设备 3. 修理停机对产量产值影响大的设备
		安全方面	1. 出现故障或损坏后严重影响人身安全的设备 2. 对环境保护及作业有严重影响的设备
质量方备	1. 精加工关键设备 2. 质量关键工序无代用的设备 3. 设备因素影响工序能力指数 CP 值不稳定及很低的设备	维修性方面	1. 设备修理复杂程度高的设备 2. 备件供应困难的设备 3. 易出故障，出故障不好修的设备

第三节　设备资产变动的管理

资产的变动管理是指由于设备安装验收和移交生产、闲置封存、移装调拨、借用租赁、报废处理等情况引起设备资产的变动，需要处理和掌握而进行的管理。

一、设备的安装验收和移交生产

设备安装验收与移交生产是设备构成期与使用期的过渡阶段，是设备全过程管理的一个关键环节，其工作程序如图3-2所示。设备安装调试后，经鉴定各项指标达到技术要求后，要办理设备移交手续，填写设备移交验收单，见表3-2。

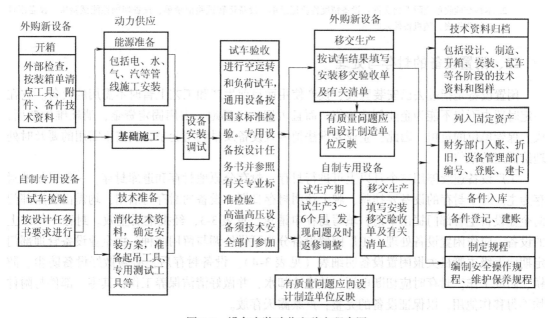

图 3-2　设备安装验收和移交程序图

表 3-2　设备安装移交验收单　　　　年　月　日　编号：

代　码			资产编号			出厂年月		
名称					重量			
型号					购置合同号			
规格					使用单位			
制造厂及国别				资金来源		耐用年限		年
出厂编号				经济寿命		折旧率		%
序　号	设备价值			序　号	技术资料名称		张/份	备　注
1	出厂价值		元	1	说明书			
2	运输费		元	2	出厂合格证			
3	安装费		元	3	制造设计任务书			
4				4				
5				5				
6	总金额		元	6				

（续）

附属设备							
序　号	名　称	型号、规格	数量/单位	序　号	名　称	型号、规格	数量/单位
鉴写验收记录							
交接单位	计划部门		移交部门	设备主管部门		使用部门	技术安全部门
经 办 人							
主　管							
备　注							

注：1. 本表一式三份，移交部门、设备主管部门、使用部门各一份，并存入设备档案。
　　2. 本移交验收单应附下列文件：设备精度检验记录单、设备运转试验记录单、设备切削性能试验单、设备附件工具明细表、随机备件入库单。

二、闲置设备的封存与处理

闲置设备是指过去已安装验收、投产使用而目前生产和工艺上暂时不需用的设备。它在一定时期内不仅不能为企业创造价值，而且占用生产场地，占用固定资金，消耗维护费用，成为保管单位的负担。因此，企业要设法把闲置设备及早利用起来，确实不需用的要及时处理给需用的单位。

工厂设备连续停用三个月以上可进行封存。封存分原地封存和退库封存，一般以原地封存为主。对于封存的设备要挂牌，牌上注明封存日期。设备的封存与启用，均需由使用部门向企业设备主管部门提出申请，填写封存申请单，见表3-3，经批准后生效。封存一年以上的设备，应作闲置设备处理。工厂闲置设备分为可供外调与留用两种，由企业设备管理部门定期向上级主管机关报闲置设备明细表（见表3-4）。设备封存后，必须做好设备防尘、防锈、防潮工作。封存时应切断电源，放净冷却水，并做好清洁保养工作；其零、部件与附件均不得移作他用，以保证设备的完整；严禁露天存放。

表3-3　设备封存申请单

设备编号			设备名称		型号规格	
用　　途	专用	通用	上次修理类别及日期		封存地点	
封存开始日期			年　月　日	预计启封日期		年　月　日
申请封存理由						
技术状态						
随机附件						
	财务部门签收		主管厂长或总工程师批示	设备动力部门意见		生产计划部门意见
封存审批						
启封审批						
启用日期及理由：						
使用、申请单位		主管		经办人		年　月　日

注：此表一式五份，使用和申请单位、生产计划部门、技术发展部门、设备动力部门、财务部门各一份。

表 3-4　闲置设备明细表

填报单位　　　　　　　　　　　　　　　　　　　　　　　　　　　　　年　月　日

序号	资产编号	设备名称	型号	规格	制造国及厂名	出厂年月	使用车间	原值（元）	净值（元）	技术状况	处理意见	处理意见	备注

分管厂长　　　　财务部门　　　　　设备动力部门　　　技术发展部门　　　　　　　填报人

注：此表一式四份，报上级主管部门一份，技术发展部门、设备动力部门、财务部门各一份。

三、设备的移装和调拨

设备调拨是指企业相互间的设备调入与调出。双方应按设备分级管理的规定办理申请调拨审批手续，只有在收到主管部门发出的设备调拨通知单后，方可办理交接。设备资产的调拨有无偿调拨（目前随着市场经济体制的逐步完善无偿调拨正在减少并趋向消亡）与有偿调拨之分。上级主管部门确定为无偿调拨时，调出单位填明调拨设备的资产原值和已提折旧，双方办理转账和卡片转移手续；确定为有偿调拨时，通过双方协商，经过资产评估合理作价，收款后办理设备出厂手续，调出方注销资产卡片。调拨设备的同时，所有附件、专用备件、图册及档案资料等，应一并移交调入单位，调入单位应按价付款。凡设备调往外地时，设备的拆卸、油封、包装托运等，一般由调出企业负责，其费用由调入企业支付。

设备的移装是指设备在工厂内部的调动或安装位置的移动。凡已安装并列入固定资产的设备，车间不得擅自移动和调动，必须有工艺部门、原使用单位、调入单位及设备管理部门会签的设备移装调动审定单（表3-5）和平面布置图，并经分管厂长批准后方可实施。设备动力部门每季初编制设备变动情况报告表（表3-6），分送财会部门和上级主管部门，作为资产卡片和账目调整的依据。

表 3-5　设备移装调动审定单

年　月　日　　　　　　　　　　　　　　　　　　　编号

设备编号		设备名称		原安装地点	车　间	班　组
设备型号		规　格		移装后地点	车　间	班　组
移装调动原因						
移装后平面布置及有关尺寸简图						
分管厂长审批	设备动力部门意见	生产计划部门意见	技术部门意见	移入单位经办人　主管	原在单位经办人　主管	

注：此表一式四份，原在单位、移在单位、技术部门及设备动力部门各一份。

表 3-6　设备变动情况季报表

填报单位：　　　　　　　　　　　　　　　　　　　　　　　　　季后三日内报

序号	设备编号	设备名称	型号、规格	变动类别				凭证号	变动月日	原在单位	调入单位	备注
				移装	调拨	新增	报废					

设备动力部门负责人　　　　　　　制表　　　　　　　年　月　日

四、设备报废

设备由于严重的有形或无形损耗，不能继续使用而退役，称为设备报废。设备报废关系到国家和企业固定资产的利用，必须尽量做好"挖潜、革新、改造"工作。在设备确实不能利用，具有下列条件之一时，企业方可申请报废。

1）已超过规定使用年限的老旧设备，主要结构和零部件已严重磨损，设备效能达不到工艺最低要求，无法修复或无修复改造价值。

2）因意外灾害或重大事故受到严重损坏的设备，无法修复使用。

3）严重影响环境，继续使用将会污染环境，引发人身安全与危害健康，进行修复改造不经济。

4）因产品换型、工艺变更而淘汰的专用设备，不宜修改利用。

5）技术改造和更新替换出的旧设备不能利用或调出。

6）按国家能源政策规定应予淘汰的高耗能设备。

设备的报废需按一定的审批程序，具体如图 3-3 所示。报废后的设备，可根据具体情况作如下处理：

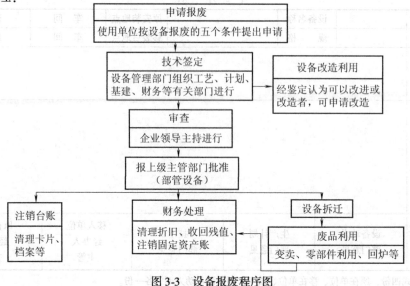

图 3-3　设备报废程序图

1）作价转让给能利用的单位。

2）将可利用的零件拆除留用，不能利用的作为原材料或废料处理。

3）按政策规定淘汰的设备不得转让，按第2）条处理。

4）处理回收的残值应列入企业更新改造资金，不得挪作他用。

第四节　设备资产管理的基础资料

设备资产管理的基础资料包括设备资产卡片、设备编号台账、设备清点登记表、设备档案等。企业的设备管理部门和财会部门均应根据自身管理工作的需要，建立和完善必要的基础资料，并做好资产的变动管理。

一、设备资产卡片

设备资产卡片是设备资产的凭证，在设备验收移交生产时，设备管理部门和财务部门均应建立单台设备的固定资产卡片，登记设备的资产编号、固有技术经济参数及变动记录，并按使用保管单位的顺序建卡片册。随着设备的调动、调拨、新增和报废，卡片位置可以在卡片册内调整补充或抽出注销。设备卡片见表3-7。

表3-7　设备卡片

年　月　日（正面）　　　　　　　　　　　　　　　　　　　　　　（背面）

轮廓尺寸：长　宽　高			质量/t	
国别：　制造厂：　　出厂编号：				
主要规格			出厂年月	
			投产年月	
附属装置	名称	型号、规格	数量	
				分类折旧年限
				修理复杂系数
				机　电　热
资产原值	资金来源	资产所有权	报废时净值	
资产编号	设备名称	型号	精、大、稀、关键分类	

	用途	名称	型式	功率/kW	转速/r·min^{-1}	备注
电动机						

变　动　记　录

年月	调入单位	调出单位	已提折旧	备　　注

二、设备台账

设备台账是掌握企业设备资产状况，反映企业各种类型设备的拥有量、设备分布及其变动情况的主要依据。它一般有两种编排形式：一种是设备分类编号台账，它以《设备统一分类及编号目录》为依据，按类组代号分页，按资产编号顺序排列，便于新增设备的资产编号和分类分型号统计；另一种是按车间、班组顺序排列编制使用单位的设备台账，这种形式便于生产维修计划管理及年终设备资产清点。以上两种台账汇总，构成企业设备总台账。两种台账可以采用同一表格式样，见表3-8。对精、大、重、稀设备及机械工业关键设备，应另行分别编制台账。企业于每年年末由财务部门、设备管理部门和使用保管单位组成设备清点小组，对设备资产进行一次现场清点，要求做到账物相符；对实物与台账不符的，应查明原因，提出盈亏报告，进行财务处理。清点后填写设备清点登记表，见表3-9。

表3-8　设备台账

单位：　　　　　　　　　　　　　　　　　　　　　　　　　　　　　　　　　设备类型

序号	资产编号	设备名称	型号规格	精、大、重、稀、关键			复杂系数		配套电动机		总质量/t 轮廓尺寸	制造厂（国）出厂编号	制造年月 进厂年月	验收年月 投产年月	安装地点	分类折旧年限	设备原值（元）	进口设备合同号	随机附件数	备注
				机	电	热			台	kW										

表3-9　设备清点登记表

单位：　　　　　　　　　　　　　　　　　　　　　　　　　　　　　　　　　年　月　日

序号	资产编号	设备名称	型号规格	配套电动机		制造厂（国）出厂编号	安装地点	用途		使用情况					资产原值（元）	已提折旧（元）	备注
				台	kW			生产	非生产	在用	未使用	封存	不需用	租出	改造增值		

三、设备档案

设备档案是指设备从规划、设计、制造、安装、调试、使用、维修、改造、更新直至报废的全过程中形成的图样、方案说明、凭证和记录等文件资料。它汇集并积累了设备一生的技术状况，为分析、研究设备在使用期间的使用状况、探索磨损规律和检修规律、提高设备管理水平、对反馈制造质量和管理质量信息，均提供了重要依据。

属于设备档案的资料有：

1）设备计划阶段的调研、经济技术分析、审批文件和资料。

2）设备选型的依据。

3）设备出厂合格证和检验单。

4）设备装箱单。

5）设备入库验收单、领用单和开箱验收单等。

6）设备安装质量检验单、试车记录、安装移交验收单及有关记录。

7）设备调动、借用、租赁等申请单和有关记录。

8）设备历次精度检验记录、性能记录和预防性试验记录等。

9）设备历次保养记录、维修卡、大修理内容表和完工验收单。

10）设备故障记录。

11）设备事故报告单及事故修理完工单。

12）设备维修费用记录。

13）设备封存和启用单。

14）设备普查登记表及检查记录表。

15）设备改进、改装、改造申请单及设计任务通知书。

至于设备说明书、设计图样、图册、底图、维护操作规程、典型检修工艺文件等，通常都作为设备的技术资料，由设备资料室保管和复制供应，均不纳入设备档案袋管理。

设备档案资料按每台单机整理，存放在设备档案内，档案编号应与设备编号一致。设备档案袋由设备动力管理维修部门的设备管理员负责管理，保存在设备档案柜内，按编号顺序排列，定期进行登记和资料入袋工作。要求做到：

1）明确设备档案管理的具体负责人，不得处于无人管理状态。

2）明确纳入设备档案的各项资料的归档路线，包括资料来源、归档时间、交接手续、资料登记等。

3）明确登记的内容和负责登记的人员。

4）明确设备档案的借阅管理办法，防止丢失和损坏。

5）明确重点管理设备档案，做到资料齐全，登记及时、正确。

四、设备的库存管理

设备库存管理包括设备到货入库管理、闲置设备退库管理、设备出库管理以及设备仓库管理等。

1. 新设备到货入库管理

新设备到货入库管理主要掌握以下环节：

（1）开箱检查　新设备到货三天内，设备仓库必须组织有关人员开箱检查。首先取出装箱单，核对随机带来的各种文件、说明书与图样、工具、附件及备件等数量是否相符；然后察看设备状况，检查有无磕碰损伤、缺少零部件、明显变形、尘砂积水、受潮锈蚀等情况。

（2）登记入库　根据检查结果如实填写设备开箱检查入库单，见表3-10。

表 3-10　设备开箱检查入库单

检查日期:　　　年　月　日						检查编号:	
发送单位及地点				运单号或车皮			
发货日期		年　月　日		到货日期		年　月　日	
到货箱编号							
每箱体积（长×宽×高)							
每箱标重	毛						
	净						
制造厂家				合同号			
设备名称				型号、规格			
台　　数				出厂编号			
附件清点	名　称	件　数	名　　称		件　数	名　称	件　数
单据文件	装箱单		检验单			合格证件	
	说明书		安 装 图			备件图	
缺件检查			待处理问题				
技　　术状况检查			待处理问题				
备　　注			其他参与人员名单		保管员签字		检查员签字

（3）补充防锈　根据设备防锈状况，对需要经过清洗重新涂防锈油的部位进行相应的处理。

（4）问题查询　对开箱检查中发现的问题，应及时向上级反映，并向发货单位和运输部门提出查询，联系索赔。

（5）资料保管与到货通知　开箱检查后，仓库检查员应及时将装箱单随机文件和技术资料整理好，交仓库管理员登记保管，以供有关部门查阅，并于设备出库时随设备移交给领用单位的设备部门。对已入库的设备，仓库管理员应及时向有关设备计划调配部门报送设备开箱检查入库单，以便尽早分配出库。

（6）设备安装　设备到厂时，如使用单位现场已具备安装条件，可将设备直接送到使用单位安装，但入库检查及出库手续必须照办。

2. 闲置设备退库管理

闲置设备必须符合下列条件，经设备管理部门办理退库手续后方可退库：

1）属于企业不需要设备，而不是待报废的设备。

2）经过检修达到完好要求的设备，需用单位领出后即可使用。

3）经过清洗防锈达到清洁、整齐。

4）附件及档案资料随机入库。

5）持有计划调配部门发给的入库保管通知单。

对于退库保管的闲置设备，计划调配部门及设备库均应专设账目，妥善管理，并积极组织调剂处理。

3. 设备出库管理

设备计划调配部门收到设备仓库报送的设备开箱检查入库单后，应立即了解使用单位的设备安装条件。只有在条件具备时，方可签发设备分配单。使用单位在领出设备时，应根据设备开箱检查入库单做第二次开箱检查，清点移交；如有缺损，由仓库承担责任，并采取补救措施。

如设备使用单位安装条件不具备，则应严格控制设备出库，避免出库后存放地点不合适而造成设备损坏或部件、零件、附件丢失。

新设备到货后，一般应在半年内出库安装交付生产使用，越快越好，使设备及早发挥效能，创造经济效益。

4. 设备仓库管理

1）设备仓库存放设备时要做到：按类分区，摆放整齐，横向成线，竖看成行，道路畅通，无积存垃圾、杂物，经常保持库容清洁、整齐。

2）仓库要做好十防工作：防火种，防雨水，防潮湿，防锈蚀，防变形，防变质，防盗窃，防破坏，防人身事故，防设备损伤。

3）仓库管理人员要严格执行管理制度，支持三不收发，即设备质量有问题尚未查清且未经主管领导做出决定的，暂不收发；票据与实物型号规格数量不符未经查明的，暂不收发；设备出、入库手续不齐全或不符合要求，暂不收发。要做到账卡与实物一致，定期报表准确无误。

4）保管人员按设备的防锈期向仓库主任提出防锈计划，组织人力进行清洗和涂油。

5）设备仓库按月上报设备出库月报，作为注销库存设备台账的依据。

第五节　机器设备的评估

一、机器设备的基本概念

1）资产评估中所说的机器设备，是指构成企业固定资产的机器、设备、仪器、工具、器具等。

2）机器设备的运动形式独特，其实物形态运动，包括选购、验收、安装调试、使用、维修保养、更新改造，直到报废处理等；其价值形态运动，包括初始投资、折旧提取和更新改造资金的使用、大修理资金的提取与使用、直到报废收回残值等。

3）机器设备的主要特点表现在两个方面：一是单位价值大，使用寿命长，在单位价值和使用寿命方面均有定量的下限标准；二是价值量分别按不同规则改变。有形磨损主要因使用而引起，导致价值随之减少。无形磨损主要因科技进步和社会劳动生产率提高而引起，也导致价值随之减少。技术改造则导致价值提高。

二、机器设备评估的特点

1）以技术检测为基础，确定被评估设备的损耗程度。

2）以单台、单件为评估对象，以保证评估的真实性和准确性。

3）具有组合而形成系统的特点，与机器设备在生产应用中相关作用一致。

三、机器设备评估的程序

机器设备评估作为一个重要的专业评估领域，情况复杂。作业量大，在进行评估时，应该分步骤、分阶段实施。

（一）收集整理有关资料和数据，划分机器设备的类别

1）反映待评资产的资料。包括资产的原价、折旧、净值、预计使用年限、已使用年限、设备的规格型号、设备完好率、利用率等。

2）证明待评资产所有权和使用权的资料。如国有资产产权登记证明文件，如有变动，应查阅产权转移证明等。

3）价格资料。包括待评资产现行市价，可比资产或参照物的现行价格资料，国家公布的有关物价指数，评估人员自己收集整理的物价指数等。

4）资产实存数量的资料。通过清查盘点及审核资产明细账和卡片来核定资产实存的数量。

除只对某一台机器设备进行评估外，一般地说，对企业机器设备进行评估，都要视评估目的、评估报告的要求、以及评估的工程技术特点进行适当分类。

（二）设计评估方案

评估方案设计是对评估项目的实施进行周密计划，有序安排的过程，包括下列内容：

1）托方提供的资产账表清册，确定被评估机器设备的类别。

2）定分组和进度。机器设备评估可以粗分为通用设备组和专用设备组，也可按动力、传导、机械、仪器仪表、运输等机器类别细分，还可以按分厂、车间分组，同时要预计各项评估业务的工时，组织好平行作业、交叉作业、确定作业进度。

3）根据不同的评估特定目的，确定评估方法和计价标准。

4）设计印制好评估所需要的各类表格。

（三）清查核实资产数量，进行技术鉴定

评估机构对被评估单位申报的机器设备清单，应组织有关评估人员进行清查核实，是否账实相符，有无遗漏或产权界限不明确的资产。清查的方法可根据被评估单位的管理状况以及资产数量，采取全面清查、重点清查、抽样检查等不同方式。由工程技术人员对机器设备的技术性能、结构状况、运行维护、负荷状况和完好程度进行鉴定，结合功能性损耗，经济性损耗等因素，据以做出技术鉴定。

（四）确定评估价格标准和方法

做好上述基础工作后，应根据评估目的确定评估价格标准，然后根据评估价格标准和评估对象的具体情况，科学地选用评估计算方法。一般来说，以变卖单项机器设备为目的的评估，采用现行市价标准与方法；以结业清理、破产清理为目的的评估，采用清算价格标准与方法；将机器设备入股、投资，以确定获利能力为目的的评估，采用收益现值标准与方法；在一般情况下，机器设备的评估通常采用重置成本标准与方法。

（五）填制评估报表，计算评估值

为使评估工作规范化，提高工作效率，科学地反映评估结果，需要设计一套评估表格。它的设计一是考虑评估工作的要求，为搜集整理数据提供明细的纲目；二是要与评估流程相适应，便于评估阶段的衔接与过渡；三是考虑评估报告的要求。一般可分为评估作业分析表、评估明细表、评估分类汇总表（简称汇总表）。

1）分析表是机器设备评估的基础表，适应机器设备单台单件评估为主的特点。作业分析表一方面要填列待评资产的基础资料，另一方面要反映评估分析的方法、依据和结论。作业分析表是进行评估分析的方法、依据和结论。作业分析表是进行评估质量检核和评估结果确认的基本对象。考虑评估作业表的功能和要求，可设计见表3-11。

表3-11 机器设备评估作业分析表

资产占有单位：				评估基准时间				年 月 日
委托方填报	资产名称		产地	国 别		规格型号		
				厂 别		公称能力		
	出厂年月		账面价格	原 值		按年限计算成新率		
	已使用年限			折 旧		同类设备数量		
				净 值				
评估机构填列	技术鉴定的方法和依据							
	重估单位	价格标准			评估方法及公式			
		评估结论及基本参数的说明						
	尚可使用年限或成新率测定	评估的依据和参照物			评估方法及公式			
		评估结论及基本参数的说明						
	功能性贬值的评估	评估的依据和参照物			评估公式及考虑因素的说明			
		评估结论及基本参数的说明						
	评估净值	价格标准						
		单台价格						
		总额						
评估责任者签章		受托方填报		技术检测		评估分析和报告		
		职 称		职 称		职 称		
		姓 名		姓 名		姓 名		

2）评估明细表。这个表要逐件反映机器设备评估的情况，并与评估前的情况进行概括对比。一般可按评估分工分别填列。与作业分析表比较，评估明细表只反映评估结果而不反映过程和依据，带有一览表特点，是作业分析表到汇总表的过渡表，又是汇总表的明细表。其基本内容见表3-12。

表3-12　机器设备评估明细表

资产占有单位：　　　　　　　　　　　　　　　　　　　　　　　　评估基准时间　　年　月　日

序号	资产类别	规格型号	计量单位	数量	购建时间	已使用年限	预计尚可使用年限	账面价格		评 估 结 果				与净值差异		备注
								原值	净值	重估价格	成新率	功能性贬值	重估净价	额	率（%）	

评估单位名称：　　　　　负责人：　　　　　评估人：　　　　　评估时间　年　月　日

3）评估汇总表是分类综合反映资产评估的结果。分类办法根据委托方的要求和评估目的而定，基本格式可参考表3-13。

表3-13　机器设备评估汇总表

资产占有单位：　　　　　　　　　　　　　　　　　　　　　　　　评估基准时间　　年　月　日

序号	资产类别	计量单位	数量	账 面 价 格		评 估 结 果			与净值差异		备注
				原值	净值	重估总价	重估净价	重估成新率	额	率（%）	

评估单位名称：　　　　　负责人：　　　　　评估人：　　　　　评估时间　年　月　日

根据确定的评估方法和经过验证的资料数据，按评估对象逐一完成评估分析表，计算评估值，并将评估结果先填写机器设备评估明细表，再编制机器设备评估汇总表。

四、影响机器设备评估的基本因素

1）原始成本。即机器设备购建时实际发生的全部费用，包括购置费、运输费等。

原始成本反映了资产购建时的价值状况，是机器设备评估时的基本依据之一。重置成本与原始成本产生差异，主要是由于物价变动和技术进步的影响，可以在原始成本基础上考虑相应的影响因素来确定。

2）物价指数。物价指数是表示市场价格水平变化的百分数。资产评估是要按现时价格评定出资产的实际价值，因而，若在评估基准日物价指数与设备购建时不同，就需按照物价指数将设备原价调整成现时价值，然后再做进一步评估。选择适当的物价指数，考虑评估基准日与原购建时的物价变动程度，可反映资产现时价格水平的重置价格。

3）重置全价。即按现行价格购建与被评估资产相同的全新资产所发生的全部费用。重置全价是反映资产在全新状况下的现时价格，是直接计算被评资产价格的重要依据。分为复原重置成本和更新重置成本两种，它们是按现行价格购建与被评估设备相同或者以新型材料、先进技术标准购建类似设备的全部费用。全新设备的重置全价，是用重置成本价格标准和重置成本法评估设备价值的直接依据。

4）成新率。成新率是反映设备新旧程度的指标，一般以设备剩余使用年限与计划使用年限的比率，或者以设备折（旧剩）余值即净值与全价的比率来表示。设备的成新率是在计算出设备完全价值后，计算设备评估净值的决定性因素。由于设备寿命、设备磨损和累积折旧直接影响着成新率的高低，因而它们也是影响设备评估价值的因素。

5）功能性贬值和功能成本系数。功能性贬值是设备因技术进步使其功能相对陈旧而带来的无形损耗，在评估其价值时应将它扣除。因而，若设备发生了功能性贬值，就会使设备的评估价值降低。功能成本系数是指机器设备的功能变化引起其购建成本变化的函数关系。在被评估设备的生产能力已不同于其原核定生产能力或不同于参照物生产能力时，功能成本系数便可作为该设备价值的调整参数。

五、机器设备的评估方法

（一）采用重置成本的评估方法

成本法的基本概念。机器设备评估的最基本方法是重置成本法，是指从被评资产的重置成本中减去应计折旧而得出的资产重估价值的一种方法。

其基本公式为：

$$设备的重估价值 = 重置成本 - 应计折旧 - 功能性贬值 + 技改费$$

或：

$$设备的重估价值 = 重置成本 \times 成新率 - 功能性贬值$$

（1）重置核算法。重置核算法又称细节分析法，就是以现行市场价格标准核算设备重置的直接成本和间接成本，以重置全价为基础计算设备重置净值的方法。

1）按复原重置成本的评估。在按复原重置成本评估时，如果设备的购建成本资料保存完整，可将其直接费用与间接费用调整为现时价格与费用标准计算其全价。如果没有设备的购建成本资料，就要对设备成本项目先行分解，然后以现时价格计算所费的材料、人工、费用求出重置全价。其计算公式为：

$$设备评估值 = 重置全价 \times 成新率 - 功能性贬值$$
$$= (重置直接费用 + 重置间接费用) \times 成新率 - 功能性贬值$$

例3-1   某机床，按现行市价购置，每台为5万元，运杂费为800元，安装调试费中原材料400元，人工费600元。按同类设备安装调试的间接费用分配，间接费用为每天人工费用的75%。求该机床的重置成本。由于

重置全价 = 重置直接费用 + 重置间接费用

直接费用中，机床重置购价	50000元
运杂费用	800元
安装调试费	1000元
（其中： 原材料	400元
人工费用	600元）
直接费用总额	51800元

间接费用为600元×0.75 = 450元，所以该机床重置全价 = 51800元 + 450元 = 52250元

2）按更新重置成本的评估。对于经过重大技术改造的设备，或者结合大修理采用新型材料、零部件、元器件几经更新，使设备技术性能有较大提高，接近或基本接近先进技术水平，就可采用更新重置成本对其进行评估。

设备更新重置成本的总额，可按更新重置的各种直接消耗量以现行价格和费用标准计算，加上按现行价格计算的间接费用求和。然后，再按成新率计算其重置净值。其评估计算公式为：

$$设备重置净值 = \sum (按现行价格或费用标准计算的更新替代后的费用消耗) \times 成新率$$

由于更新后设备的性能接近或基本接近先进适用技术水平，因而一般不再计算和扣除功能性贬值。

（2）净现值法。如果待评机器设备的现时市场价格可以得到，那么可以采用该法。但应注意价格的选择，即资产交易发生在本地区的，选用本地的市价；发生在不同地区之间的，如省与省、地方与中央之间的，应选择全国的市场价；如果与国外搞合资，则应考虑国际市场同类性能结构的机器现价评估。计算公式如下：

$$机器设备重估价值 = (机器设备现行市价 + 运输安装费) \times 重估成新率$$

或采用下述公式计算：

$$机器设备重估价值 = (机器设备市价 + 安装运输费) - \frac{机器设备市价 + 运输安装费 - 残值}{重估使用年限 + 已使用年限} \times 已使用年限$$

例3-2   某企业将一台车床投入外省一企业搞联营。该车床国内现价30000元，需运输安装费1000元，预计残值为原价的10%，经鉴定，该车床尚可使用8年，已使用7年。

则   车床评估值 $= (30000 + 1000)元 - \frac{(30000 + 1000 - 3000)元}{15} \times 7$

$= 31000元 - 13066.67元 = 17933.33元$

（二）采用现行市价的评估方法

机器设备在变卖、出售时，一般采用现行市价标准进行评估。市价法的前提是在市场竞争机制健全的情况下，通过供需关系的平衡而达到"公平市场价格"。在我国目前的情况下，市场价格受制约的因素较多，选用价格时应加以分析。设备按现行市价评估，主要有两种具体办法：

（1）市价折余法。就是以与被评估设备完全相同的参照物的全新现行市场价格为评估全值，减去按现行市价计算的累积折旧额，以其折余价值为评估净值的方法。其计算公式为：

$$设备评估净值 = 市场参照现行市价 \times 成新率$$

例3-3　某设备的现行市价为70000元，运输和安装调试费按现行价分别为2000元，3500元。该设备已使用4年，预计还可继续使用6年，求其评估净值。

该设备的评估净值为：

$$(70000 + 2000 + 3500) 元 \times \frac{6}{4+6} = 45300 元$$

（2）市价类比法　这种方法的原理同市价折余法基本相同，只是评估对象的参照物是类似设备而不是相同设备，因而需要对二者的差别作具体分析比较，并调整其差异。其计算公式为：

$$设备评估价值 = 市场参照物现行市价 \times 重估成新率 \times 调整系数$$

式中的调整系数，主要考虑评估对象与参照物在技术性能、使用效益上的差别，经比较分析后综合确定一个二者价值上的比率。

例3-4　企业原购置的一台专用设备，曾根据实际需要采用先进技术和材料作了局部改进，现已使用5年，尚可使用8年，预计残值为8000元。市场上相同的原装设备基准价为78000元。考虑到被评估设备作过技术改进但已使用多年，其调整系数定为1.15，求该设备的评估价值。

设备的评估净值为：

$$(78000 - 8000) \times \left(1 - \frac{5}{5+8}\right) \times 1.15 元$$

$$= 70000 \times \frac{8}{13} \times 1.15 元 = 49538.462 元 \approx 49538 元$$

（三）采用清算价格的评估方法

清算价格的评估，是按企业清理或破产时在短期内资产变卖的变现价格确定资产重估价格。变现价格与重置成本不同，变现是按收入途径，受市场实现的制约。重置成本则不仅包括买价，还有运杂费、安装费等。所以，资产的重置成本要高于自身的变现价格。清算价格则往往由于破产清理是在短期内强制完成的，从而不具备正常的市场交易和竞争条件，因此，清算价格又往往低于变现价格。

资产的变现价格和清算价格的确定，一般首先要找到类似资产作为参照物，然后采用市场售价比较来评估。当难以找到类似参照物时，只能根据变现价格和清算价格与原始成本之间的历史相关资料进行评估。

对结业或破产企业的评估，其资产处理应根据具体情况分别对待，采用不同的评估方法，大体可分为四种情况：

1）中止生产就失去效用和已经陈旧失效的资产，如化工企业的多数设备装置。

2）专用性过强的设备。

3）仍可正常使用的一般设备。

4）具有较高收益能力的技术装备和其他资产。

对第1类设备资产只能按报废或作残值处理。第2类设备需暂缓处理。第3类设备资产可按一定的参照物价格评估出合理的转让价格作底价。第4类设备资产则可采取收益现值法评估。

思 考 题

3-1　固定资产有何特点？固定资产应具有什么条件？

3-2　固定资产有哪些折旧方法？

3-3　图号、型号、出厂号、资产编号的含义是什么，有何用途？

3-4　设备租赁的优越性是什么？

3-5　什么是设备档案？设备档案的资料包括哪些？

3-6　机器设备评估的特点是什么？

3-7　影响机器设备评估的基本因素是什么？

第四章

设备的使用与维护

设备的正确使用和维护，是设备管理工作的重要环节。正确使用设备，可以防止发生非正常磨损和避免突发性故障，能使设备保持良好的工作性能和应有的精度，而精心维护设备则可以改善设备技术状态，延缓劣化进程，消灭隐患于萌芽状态，保证设备的安全运行，延长使用寿命，提高使用效率。因此，企业应该责无旁贷地做好这方面的工作，并在转换经营机制的过程中，探索和总结出设备的使用与维护方面的新经验、新的激励机制和自我约束机制，这为保持设备完好、提高企业经济效益、保证产品质量和安全生产做出新贡献。

第一节　正确使用与维护设备的意义

一、正确使用设备的意义

设备在负荷下运行并发挥其规定功能的过程，即为使用过程。设备在使用过程中，由于受到各种力和化学作用，使用方法、工作规范、工作持续时间等影响，其技术状况发生变化而逐渐降低工作能力。要控制这一时期的技术状态变化，延缓设备工作能力的下降过程，必须根据设备所处的工作条件及结构性能特点，掌握劣化的规律；创造适合设备工作的环境条件，遵守正确合理的使用方法、允许的工作规范，控制设备的负荷和持续工作时间；精心维护设备。这些措施都要由操作者来执行，只有操作者正确使用设备，才能保持设备良好的工作性能，充分发挥设备效率，延长设备的使用寿命。也只有操作者正确使用设备，才能减少和避免突发性故障。正确使用设备是控制技术状态变化和延缓工作能力下降的首要事项。因此，强调正确使用设备具有重要意义。

二、正确维护设备的意义

设备的维护保养是管、用、养、修等各项工作的基础，也是操作工人的主要责任之一，是保持设备经常处于完好状态的重要手段，是一项积极的预防工作。设备的保养也是设备运行的客观要求，设备在使用过程中，由于设备的物质运动和化学作用，必然会产生技术状况的不断变化和难以避免的不正常现象，以及人为因素造成的耗损，例如松动、干摩擦、腐蚀等。这是设备的隐患，如果不及时处理，会造成设备的过早磨损，甚至形成严重事故。做好设备的维护保养工作，及时处理随时发生的各种问题，改善设备的运行条件，就能防患于未然，避免不应有的损失。实践证明，设备的寿命在很大程度上决定于维护保养的程度。

因此，对设备的维护保养工作必须强制进行，并严格督促检查。车间设备员和机修站都应把工作重点放在维护保养上，强调"预防为主、养为基础"。

第二节 设备技术状态完好的标准

一、设备的技术状态

设备技术状态是指设备所具有的工作能力，包括性能、精度、效率、运动参数、安全、环境保护、能源消耗等所处的状态及其变化情况。企业的设备是为满足某种生产对象的工艺要求或为完成工程项目的预定功能而配备的，其技术状态如何、直接影响到企业产品的质量、数量、成本和交货期等经济指标能否顺利完成。设备在使用过程中，受到生产性质、加工对象、工作条件及环境等因素的影响，使设备原设计制造时所确定的功能和技术状态不断发生变化而有所降低或劣化。为延缓劣化过程，预防和减少故障发生，除操作工人严格执行操作规程、正确合理使用设备外，必须定期进行设备状态检查，加强对设备使用维护的管理。

二、设备的完好标准和确定原则

保持设备完好，是企业设备管理的主要任务之一。按操作和使用规程正确合理地使用设备，是保持设备完好的基本条件。因此，应制定设备的完好标准，为衡量设备技术状态是否良好规定一个合适尺度。

设备的完好标准是分类制定的，以金属切削设备为例，其完好标准包括：

1) 精度、性能能满足生产工艺要求。
2) 各传动系统运转正常，变速齐全。
3) 各操纵系统动作灵敏可靠。
4) 润滑系统装置齐全，管道完整，油路畅通，油标醒目。
5) 电气系统装置齐全，管线完整，性能灵敏，运行可靠。
6) 滑动部位运行正常，无严重拉、研、碰伤。
7) 机床内外清洁。
8) 基本无漏油、漏水、漏气现象。
9) 零部件完整。
10) 安全防护装置齐全。

以上标准中1) ~6) 项为主要项目，其中有一项不合格即为不完好设备。

对于非金属切削设备（如锻压设备、起重设备、工业炉窑、动力管道、工业泵等）也都有其相应的完好标准。

不论哪类设备的完好标准，在制定时都应遵循以下原则：

1) 设备性能良好，机械设备能稳定地满足生产工艺要求，动力设备的功能达到原设计或规定标准，运转时无超温超压等现象。
2) 设备运转正常，零部件齐全，安全防护装置良好，磨损、腐蚀程度不超过规定的标准，控制系统、计量仪器、仪表和润滑系统工作正常。

3）原材料、燃料、润滑油、动能等消耗正常，无漏油、漏水、漏气（汽）、漏电现象，外表清洁整齐。

完好设备的具体标准应由各行业主管部门统一制定。国家和各工业主管部门通过对主要设备完好率（流程行业的企业可为泄漏率）的考核来了解和考查企业设备的完好状况。

三、完好设备的考核和完好率的计算

1. 完好设备的考核

1）完好标准中的主要项目，有一项不合格，该设备即为不完好设备。

2）完好标准中的次要项目，有二项不合格，该设备即为不完好设备。

3）在检查人员离开现场前，能够整改合格的项目，仍算合格，但要作为问题记录。

2. 设备检查及完好率计算

1）车间内部自检应逐台检查，确定完好台数。

2）设备动力科抽查完好设备台数的 $10\% \sim 15\%$，确定完好设备合格率。

3）完好率的计算

① 设备完好率

$$设备完好率 = \frac{完好设备台数}{主要生产设备总台数} \times 100\%$$

② 完好设备抽查合格率

$$抽查合格率 = \frac{抽查设备合格台数}{抽查设备总台数} \times 100\%$$

③ 抽查完好率折算

$$抽查后完好率 = 设备完好率 \times 抽查合格率$$

四、单项设备完好标准

1. 起重设备完好标准

起重设备类（1~7 项为主要项目）：

1）起重和牵引能力能达到设计要求。

2）各传动系统运转正常，钢丝绳、吊钩符合安全技术规程。

3）制动装置安全可靠，主要零部件无严重磨损。

4）操作系统灵敏可靠，调速正常。

5）主、副梁的下挠上拱、旁弯等变形均不得超过有关技术规定。

6）电气装置齐全有效，安全装置灵敏可靠。

7）车轮无严重啃轨现象，与轨道有良好接触。

8）润滑装置齐全，效果良好，基本无漏油。

9）吊车内外整洁，标牌醒目，零部件齐全。

2. 铸造设备完好标准

铸造设备类（1~3 项为主要项目）：

1）性能良好，能力能满足工艺要求。

2）设备运转正常，操作控制系统完整可靠。

3）电气、安全、防护、防尘装置齐全有效。

4）设备内外清洁整齐，零部件及各滑动面无严重磨损。

5）基本无漏水、漏油、漏气、漏砂现象。

6）润滑装置齐全，效果良好。

3. 工业锅炉设备完好标准

1）出力基本达到原设计要求和领导部门批准的标准。

2）炉壳、炉筒、炉胆、炉管等部位，无严重腐蚀。

3）电气、安全装置齐全完好，管路畅通，水位计、压力表、安全阀灵敏可靠。

4）主要附机、附件、计量仪器仪表齐全完整，运转良好，指示准确。

5）各控制阀门装置齐全，动作灵敏可靠。

6）传动和供水系统操作灵敏可靠。

7）主、附机外观整洁、润滑良好。

8）基本无漏水、漏油、漏气现象。

4. 动能设备完好标准

动能设备类1）~5）项为主要项目。

1）出力基本达到原设计要求。

2）各传动系统运转正常，各滑动面无严重锈蚀、磨损。

3）电气系统和控制系统、安全阀、压力表、水位计等装置齐全，灵敏可靠。

4）无超温、超压现象，基本无漏水、漏油、漏气现象。

5）润滑装置齐全，管道完整，油路畅通，油标醒目，油质符合要求。

6）附机和零件部件齐全，内外整洁。

5. 电气设备完好标准

电气设备类1）~3）项为主要项目：

1）各主要技术性能达到原出厂标准，或能满足生产工艺要求。

2）操作和控制系统装置齐全，灵敏可靠。

3）设备运行良好，绝缘强度及安全防护装置应符合电气安全规程。

4）设备的通信、散热和冷却系统齐全完整，效能良好。

5）设备内外整洁，润滑良好。

6）无漏油、漏电、漏水现象。

6. 工业炉窑设备完好标准

工业炉窑类1）~4）项为主要项目：

1）能力基本达到原设计要求，满足生产工艺要求。

2）操作、燃烧和控制系统装置齐全，灵敏可靠。

3）电气及安全装置齐全完整，效能良好。

4）箱体、炉壳、砌砖体等部件无严重烧蚀和裂缝。

5）传动系统运转正常，润滑良好。

6）设备内外整洁，无漏油、漏水、漏气。

第三节　设备的使用管理

一、设备的合理使用

合理使用设备，应该做好以下几方面工作：

1. 充分发挥操作工人的积极性

设备是由工人操作和使用的，充分发挥他们的积极性是用好、管好设备的根本保证。因此，企业应经常对职工进行爱护设备的宣传教育，积极吸收群众参加设备管理，不断提高职工爱护设备的自觉性和责任心。

2. 合理配置设备

企业应根据自己的生产工艺特点和要求，合理地配备各种类型的设备，使它们都能充分发挥效能。为了适应产品品种、结构和数量的不断变化，还要及时进行调整，使设备能力适应生产发展的要求。

3. 配备合格的操作者

企业应根据设备的技术要求和复杂程度，配备相应的工种和胜任的操作者，并根据设备性能、精度、使用范围和工作条件安排相应的加工任务和工作负荷，确保生产的正常进行和操作人员的安全。

机器设备是科学技术的物化，随着设备日益现代化，其结构和原理也日益复杂，要求具有一定文化技术水平和熟悉设备结构的工人来掌握使用。因此，必须根据设备的技术要求，采取多种形式，对职工进行文化专业理论教育，帮助他们熟悉设备的构造和性能。

4. 为设备提供良好的工作环境

工作环境不但对设备正常运转，延长使用期限有关，而且对操作者的情绪也有重大影响。为此，应安装必要的防腐蚀、防潮、防尘、减振装置，配备必要的测量、安全用仪器装置，还应有良好的照明和通风等。

5. 建立健全必要的规章制度

保证设备正确使用的主要措施是：①制订设备使用程序。②制订设备操作维护规程。③建立设备使用责任制。④建立设备维护制度，开展维护竞赛评比活动。

顺便指出，为了正确合理地使用设备，还必须创造一定的条件，比如：①要根据机器设备的性能、结构和其他技术特征，恰当地安排加工任务和工作负荷。②要为机器设备配备相应技术水平的操作工人。③要为机器设备创造良好的运行环境。④要经常进行爱护机器设备的宣传和技术教育。

二、设备使用前的准备工作

这项工作包括：技术资料的编制，对操作工的技术培训和配备必需的检查及维护用仪器工具，以及全面检查设备的安装、精度、性能及安全装置，向操作者点交设备附件等。技术资料准备包括设备操作维护规程，设备润滑卡片，设备日常检查和定期检查卡片等。对操作者的培训包括技术教育、安全教育和业务管理教育三方面内容。操作工人经教育、培训后要经过理论和实际的考试，合格后方能独立操作使用设备。

三、设备使用守则

（一）定人、定机和凭证操作制度

为了保证设备的正常运转，提高工人的操作技术水平，防止设备的非正常损坏，必须实行定人、定机和凭证使用设备的制度。

1. 定人、定机的规定

严格实行定人、定机和凭证使用设备，不允许无证人员单独使用设备。定机的机种型号应根据工人的技术水平和工作责任心，并经考试合格后确定。原则上既要管好、用好设备，又要不束缚生产力。

主要生产设备的操作工作由车间提出定人、定机名单，经考试合格，设备动力科同意后执行。精、大、稀设备和有关设备的操作者经考试合格后，设备动力科同意并经企业有关部门合同审查后，报技术副厂长批准后执行。定人、定机名单保持相对稳定，有变动时，按规定呈报审批，批准后方能变更。原则上，每个操作工人每班只能操作一台设备，多人操作的设备，必须由值班机长负责。

为了保证设备的合理使用，有的企业实行了"三定制度"（即：设备定号、管理定户、保管定人）。这三定中，设备定号、保管定人易于理解，管理定户就是以班组为单位，把全班组的设备编为一个"户"，班组长就是"户主"，要求"户主"对小组全部设备的保管、使用和维护保养负全面责任。

2. 操作证的签发

学徒工（或实习生）必须经过技术理论学习和一定时期的师傅在现场指导下的操作实习后，师傅认为该学徒工（或实习生）已懂得正确使用设备和维护保养设备时，可进行理论及操作考试，合格后由设备动力科签发操作证，方能单独操作设备。

对于工龄长且长期操作设备，并会调整、维护保养的工人，如果其文化水平低，可免笔试而进行口试及实际操作考试，合格后签发操作证。

公用设备的使用者，应熟悉设备结构、性能，车间必须明确使用小组或指定专人保管，并将名单报送设备动力科备案。

（二）交接班制

连续生产的设备或不允许中途停机者，可在运行中交班，交班人须把设备运行中发现的问题，详细记录在"交接班记录簿"上，并主动向接班人介绍设备运行情况，双方当面检查，交接完毕在记录簿上签字。如不能当面交接班，交班人可做好日常维护工作，使设备处于安全状态，填好交班记录交有关负责人签字代接，接班人如发现设备异常现象，记录不清、情况不明和设备未按规定维护时可拒绝接班。如因交接不清设备在接班后发生问题，由接班人负责。

企业在用的每台设备，均须有"交接班记录簿"，不准撕毁、涂改。区域维修站应及时收集"交接班记录簿"，从中分析设备现状，采取措施改进维修工作。设备管理部门和车间负责人应注意抽查交接班制度的执行情况。

（三）"三好""四会"和"五项纪律"

1. "三好"要求

（1）管好设备 发扬工人阶级的责任感，自觉遵守定人、定机制度和凭证使用设备，管好工具、附件，不损坏、不丢失、放置整齐。

（2）用好设备 设备不带病运转，不超负荷使用，不大机小用，精机粗用。遵守操作规程和维护保养规程，细心爱护设备，防止事故发生。

（3）修好设备 按计划检修时间停机修理。参加设备的二级保养和大修完工后的验收试车工作。

2. "四会"要求

（1）会使用 熟悉设备结构、技术性能和操作方法，懂得加工工艺。会合理选择切削用量，正确地使用设备。

（2）会保养 会按润滑图表的规定加油、换油，保持油路畅通无阻。会按规定进行一级保养，保持设备内外清洁，做到无油垢、无脏物，漆见本色铁见光。

（3）会检查 会检查与加工工艺有关的精度检验项目，并能进行适当调整。会检查安全防护和保险装置。

（4）会排除故障 能通过不正常的声音、温度和运转情况，发现设备的异常状态，并能判定异常状态的部位和原因，及时采取措施排除故障。

3. 使用设备的"五项纪律"

1）凭证使用设备，遵守安全使用规程。

2）保持设备清洁，并按规定加油。

3）遵守设备的交接班制度。

4）管好工具、附件，不得遗失。

5）发现异常，立即停车。

四、设备操作规程和使用规程

设备操作规程是操作人员正确掌握操作技能的技术性规范，是指导工人正确使用和操作设备的基本文件之一。其内容是根据设备的结构和运行特点，以及安全运行等要求，操作人员在其全部操作过程中必须遵守的事项。一般包括：

1）操作设备前对现场清理和设备状态检查的内容和要求。

2）操作设备必须使用的工作器具。

3）设备运行的主要工艺参数。

4）常见故障的原因及排除方法。

5）开车的操作程序和注意事项。

6）润滑的方式和要求。

7）点检、维护的具体要求。

8）停车的程序和注意事项。

9）安全防护装置的使用和调整要求。

10）交、接班的具体工作和记录内容。

设备操作规程应力求内容简明、实用，对于各类设备应共同遵守的项目可统一成标准的项目。

设备使用规程是根据设备特性和结构特点，对使用设备做出的规定。其内容一般包括：

1）设备使用的工作范围和工艺要求。

2）使用者应具备的基本素质和技能。

3）使用者的岗位责任。

4）使用者必须遵守的各种制度，如定人定机，凭证操作、交接班、维护保养、事故报告等制度。

5）使用者必备的规程，如操作规程、维护规程等。

6）使用者必须掌握的技术标准，如润滑卡、点检和定检卡等。

7）操作或检查必备的工器具。

8）使用者应遵守的纪律和安全注意事项。

9）对使用者检查、考核的内容和标准。

第四节　设备的维护管理

一、设备的维护保养

通过擦拭、清扫、润滑、调整等一般方法对设备进行护理，以维持和保护设备的性能和技术状况，称为设备维护保养。设备维护保养的要求主要有四项：

（1）清洁　设备内外整洁，各滑动面、丝杠、齿条、齿轮箱、油孔等处无油污，各部位不漏油、不漏气，设备周围的切屑、杂物、脏物要清扫干净。

（2）整齐　工具、附件、工件（产品）要放置整齐，管道、线路要有条理。

（3）润滑良好　按时加油或换油，不断油，无干磨现象，油压正常，油标明亮，油路畅通，油质符合要求，油枪、油杯、油毡清洁。

（4）安全　遵守安全操作规程，不超负荷使用设备，设备的安全防护装置齐全可靠，及时消除不安全因素。

设备的维护保养内容一般包括日常维护、定期维护、定期检查和精度检查，设备润滑和冷却系统维护也是设备维护保养的一个重要内容。

设备的日常维护保养是设备维护的基础工作，必须做到制度化和规范化。对设备的定期维护保养工作要制订工作定额和物资消耗定额，并按定额进行考核，设备定期维护保养工作应纳入车间承包责任制的考核内容。设备定期检查是一种有计划的预防性检查，检查的手段除人的感官以外，还要有一定的检查工具和仪器，按定期检查卡执行，定期检查又称为定期点检。对机械设备还应进行精度检查，以确定设备实际精度的优劣程度。

设备维护应按维护规程进行。设备维护规程是对设备日常维护方面的要求和规定，坚持执行设备维护规程，可以延长设备使用寿命，保证安全、舒适的工作环境。其主要内容应包括：

1）设备要达到整齐、清洁、坚固、润滑、防腐、安全等的作业内容、作业方法、使用的工器具及材料、达到的标准及注意事项。

2）日常检查维护及定期检查的部位、方法和标准。

3）检查和评定操作工人维护设备程度的内容和方法等。

二、设备的三级保养制

三级保养制度是我国 20 世纪 60 年代中期开始，在总结苏联计划预修制在我国实践的基础上，逐步完善和发展起来的一种保养修理制，它体现了我国设备维修管理的重心由修理向保养的转变，反映了我国设备维修管理的进步和以预防为主的维修管理方针的更加明确。三级保养制内容包括：设备的日常维护保养、一级保养和二级保养。三级保养制是以操作者为主对设备进行以保为主、保修并重的强制性维修制度。三级保养制是依靠群众、充分发挥群众的积极性，实行群管群修，专群结合，搞好设备维护保养的有效办法。

（一）设备的日常维护保养

设备的日常维护保养，一般有日保养和周保养，又称日例保和周例保。

1. 日例保

日例保由设备操作工人当班进行，认真做到班前四件事、班中五注意和班后四件事。

（1）班前四件事　消化图样资料，检查交接班记录。擦拭设备，按规定润滑加油。检查手柄位置和手动运转部位是否正确、灵活，安全装置是否可靠。低速运转检查传动是否正常，润滑、冷却是否畅通。

（2）班中五注意　注意运转声音，设备的温度、压力、液位、电气、液压、气压系统，仪表信号，安全保险是否正常。

（3）班后四件事　关闭开关，所有手柄放到零位。清除铁屑、脏物，擦净设备导轨面和滑动面上的油污，并加油。清扫工作场地，整理附件、工具。填写交接班记录和运转台时记录，办理交接班手续。

2. 周例保

周例保由设备操作工人在每周末进行，保养时间为：一般设备 2h，精、大、稀设备 4h。

（1）外观　擦净设备导轨、各传动部位及外露部分，清扫工作场地。达到内洁外净无死角、无锈蚀，周围环境整洁。

（2）操纵传动　检查各部位的技术状况，紧固松动部位，调整配合间隙。检查互锁、保险装置。达到传动声音正常、安全可靠。

（3）液压润滑　清洗油线、防尘毡、过滤器，为油箱添加油或换油。检查液压系统，达到油质清洁，油路畅通，无渗漏，无研伤。

（4）电气系统　擦拭电动机、蛇皮管表面，检查绝缘、接地，达到完整、清洁、可靠。

（二）一级保养

一级保养是以操作工人为主，维修工人协助，按计划对设备局部拆卸和检查，清洗规定的部位，疏通油路、管道，更换或清洗油线、毛毡、过滤器，调整设备各部位的配合间隙，紧固设备的各个部位。一级保养所用时间为 4~8h，一保完成后应做记录并注明尚未清除的缺陷，车间机械员组织验收。一保的范围应是企业全部在用设备，对重点设备应严格执行。一保的主要目的是减少设备磨损，消除隐患、延长设备使用寿命，为完成到下次一保期间的生产任务在设备方面提供保障。

（三）二级保养

二级保养是以维修工人为主，操作工人参加来完成。二级保养列入设备的检修计划，对设备进行部分解体检查和修理，更换或修复磨损件，清洗、换油、检查修理电气部分，使设备的技术状况全面达到规定设备完好标准的要求。二级保养所用时间为7天左右。二保完成后，维修工人应详细填写检修记录，由车间机械员和操作者验收，验收单交设备动力科存档。二保的主要目的是使设备达到完好标准，提高和巩固设备完好率，延长大修周期。

实行"三级保养制"，必须使操作工人对设备做到"三好""四会""四项要求"，并遵守"五项纪律"。三级保养制突出了维护保养在设备管理与计划检修工作中的地位，把对操作工人"三好""四会"的要求更加具体化，提高了操作工人维护设备的知识和技能。三级保养制突破了苏联计划预修制的有关规定，改进了计划预修制中的一些缺点、更切合实际。在三级保养制的推行中还学习吸收了军队管理武器的一些做法，并强调了群管群修。三级保养制在我国企业取得了好的效果和经验，由于三级保养制的贯彻实施，有效地提高了企业设备的完好率，降低了设备事故率，延长了设备大修周期、降低了设备大修理费用，取得了较好的技术经济效果。

三、精、大、稀设备的使用维护要求

（一）四定工作

1）定使用人员。按定人定机制度，精、大、稀设备操作工人应选择本工种中责任心强、技术水平高和实践经验丰富者，并尽可能保持较长时间的相对稳定。

2）定检修人员。精、大、稀设备较多的企业，根据本企业条件，可组织精、大、稀设备专业维修或修理组，专门负责对精、大、稀设备的检查、精度调整、维护、修理。

3）定操作规程。精、大、稀设备应分机型逐台编制操作规程，加以显示并严格执行。

4）定备品配件。根据各种精、大、稀设备在企业生产中的作用及备件来源情况，确定储备定额，并优先解决。

（二）精密设备使用维护要求

1）必须严格按说明书规定安装设备。

2）对环境有特殊要求的设备（恒温、恒湿、防振、防尘）企业应采取相应措施，确保设备精度性能。

3）设备在日常维护保养中，不许拆卸零部件，发现异常立即停车，不允许带病运转。

4）严格执行设备说明书规定的切削规范，只允许按直接用途进行零件精加工。加工余量应尽可能小。加工铸件时，毛坯面应预先喷砂或涂漆。

5）非工作时间应加护罩，长时间停歇，应定期进行擦拭，润滑、空运转。

6）附件和专用工具应有专用柜架搁置，保持清洁，防止研伤，不得外借。

四、动力设备的使用维护要求

动力设备是企业的关键设备，在运行中有高温、高压、易燃、有毒等危险因素，是保证安全生产的要害部位，为做到安全连续稳定供应生产上所需要的动能，对动力设备的使用维护应有特殊要求：

1）运行操作人员必须事先培训并经过考试合格。

2）必须有完整的技术资料、安全运行技术规程和运行记录。

3）运行人员在值班期间应随时进行巡回检查，不得随意离开工作岗位。

4）在运行过程中遇有不正常情况时，值班人员应根据操作规程紧急处理，并及时报告上级。

5）保证各种指示仪表和安全装置灵敏准确，定期校验。备用设备完整可靠。

6）动力设备不得带病运转，任何一处发生故障必须及时消除。

7）定期进行预防性试验和季节性检查。

8）经常对值班人员进行安全教育，严格执行安全保卫制度。

五、设备的区域维护

设备的区域维护又称维修工包机制。维修工人承担一定生产区域内的设备维修工作，与生产操作工人共同做好日常维护、巡回检查、定期维护、计划修理及故障排除等工作，并负责完成管区内的设备完好率、故障停机率等考核指标。区域维修责任制是加强设备维修为生产服务、调动维修工人积极性和使生产工人主动关心设备保养和维修工作的一种好形式。

设备专业维护主要组织形式是区域维护组。区域维护组全面负责生产区域的设备维护保养和应急修理工作，它的工作任务是：

1）负责本区域内设备的维护修理工作，确保完成设备完好率、故障停机率等指标。

2）认真执行设备定期点检和区域巡回检查制，指导和督促操作工人做好日常维护和定期维护工作。

3）在车间机械员指导下参加设备状况普查、精度检查、调整、治漏，开展故障分析和状态监测等工作。

区域维护组这种设备维护组织形式的优点是：在完成应急修理时有高度机动性，从而可使设备修理停歇时间最短，而且值班钳工在无人召请时，可以完成各项预防作业和参与计划修理。

设备维修区域划分应考虑生产设备分布、设备状况、技术复杂程度、生产需要和修理钳工的技术水平等因素。可以根据上述因素将车间设备划分成若干区域，也可以按设备类型划分区域维护组。流水生产线的设备应按线划分维护区域。

区域维护组要编制定期检查和精度检查计划，并规定出每班对设备进行常规检查时间。为了使这些工作不影响生产，设备的计划检查要安排在工厂的非工作日进行，而每班的常规检查要安排在生产工人的午休时间进行。

六、提高设备维护水平的措施

为提高设备维护水平，应使维护工作基本做到三化，即规范化、工艺化、制度化。

规范化就是使维护内容统一，哪些部位该清洗、哪些零件该调整、哪些装置该检查，要根据各企业情况按客观规律加以统一考虑和规定。

工艺化就是根据不同设备制订各项维护工艺规程，按规程进行维护。

制度化就是根据不同设备不同工作条件，规定不同维护周期和维护时间，并严格执行。对定期维护工作，要制订工时定额和物质消耗定额并要按定额进行考核。

设备维护工作应结合企业生产经济承包责任制进行考核。同时，企业还应发动群众开展专群结合的设备维护工作，进行自检、互检，开展设备大检查。

第五节   设备维护情况的检查评比

设备维护保养的检查评比是在主管厂长的领导下由企业设备动力部门按照整齐、清洁、润滑、安全四项要求和管好、用好、维护好设备的要求，制定具体评分标准，定期组织的检查评比活动。检查结果在厂里公布、并与奖罚挂钩，以推动文明生产和群众性维护保养活动的开展，这是不断提高设备完好率的重要措施。

车间内部主要检查设备操作者的合格使用及日常（周末）维护情况。检查评比以鼓励先进为主，可采取周检月评，即每周检查一次，每月进行评比，由车间负责，对成绩优良的班组和个人予以奖励。

厂内各单位的检查评比，以设备管理、计划检修、合理使用、正确润滑、认真维护等为主要内容。采取季评比、年总结。对成绩突出者，给予奖励。

（一）检查评比活动的方式

1）车间内部的检查评比。由分管设备主任、车间机械员、维修组长、生产组长组成车间检查组，每周对各生产小组、操作工人的设备维护保养工作进行检查评比。

2）全厂性的检查评比。由企业设备负责人和设备动力科长组织有关职能人员和车间机械员对各车间设备管理与维修工作进行检查评比，每月检查评分由设备动力科设备管理组负责，季度或半年的互检评比由各车间机械员等代表参加。

（二）检查工作的主要内容

1）车间内部的检查评比主要内容是操作工人的日常维护保养。

2）厂内检查评比。

① 检查车间有关设备管理各项管理工作：设备台账、报表、各种维修记录、交接班记录和操作证。

② 三级保养工作开展情况，各级保养计划的完成情况及保养质量。按"四项要求"抽查部分设备。

③ 设备完好率及完好设备抽查合格率。

④ 设备事故。

（三）评比方法

1）对车间的月度检查评比产生全厂劳动竞赛中的设备评比。

2）半年及年末的互检评比产生下列先进称号。

① 设备维护先进个人。

② 设备维护先进集体（机台或小组）。

③ 设备维修先进个人。

④ 设备维修先进小组。

⑤ 设备工作先进车间。

(四) 设备维护先进机台（红旗机台）**的评比条件**

1) 产品产量、质量应达到规定指标。

2) 本设备应全面符合完好设备标准。

3) 操作工人认真执行日保及一保作业，严格遵守操作规程。

4) 严格执行设备管理有关制度要求，如对设备的日常检查，清扫擦拭、交接班记录等。

5) 全年无设备事故，设备故障少。

(五) 检查评比的奖励

检查评比以鼓励先进为主，推动设备管理工作深入开展。

对单台设备操作工人，主要按"四项要求"和"三好""四会"守则进行评比。对生产班组、机台、个人，可采取周检月评，每周检查一次，每月进行评比，由车间负责，对成绩优良的班组和个人给予适当奖励。

开展"红旗设备竞赛"是搞好班组设备维护的一种形式。凡是执行设备管理制度好，按规定做好日常维护和定期维护，产品质量合格，各种原始记录齐全、可靠并按时填报，检查期内无任何事故，保持设备完好，符合竞赛条件者，可发给流动红旗。由车间采取月评比季总结，并把评红旗设备同奖励挂钩，以利于推动设备维护工作。

对车间的检查评比，由厂检查评比组负责，采取季评比、年总结。对车间在设备管理、使用、维护、计划检修等方面成绩突出的，给予适当奖励，并授予"设备维护先进个人""设备维护先进机台（或小组）""设备管理和维修先进车间"等光荣称号。

第六节　设备故障与事故管理

一、设备故障及故障管理

（1）设备故障　设备或系统在使用过程中，因某种原因丧失了规定功能或降低了效能时的状态，称为设备故障。在企业生产活动中，设备是保证生产的重要因素，而设备故障却直接影响产量、质量和企业的经济效益。在目前机床设备的设计、制造质量尚未达到很高水平的情况下，加之管理不善，设备在运转过程中，往往故障频繁，造成长时间的停机和修理工作量费用的膨胀，加强故障管理愈发成为亟待解决的问题。

（2）设备故障管理　设备故障的产生，受多种因素的影响，如设计制造的质量，安装调试水平，使用的环境条件，维护保养，操作人员的素质，以及设备的老化、腐蚀和磨损等。为了减少甚至消灭故障，必须了解、研究故障发生的宏观规律，分析故障形成的微观机理，采取有效的措施和方法，控制故障的发生，这就是设备的故障管理。故障管理，特别是对生产效率极高的大型连续自动化设备的故障管理，在管理工作中，占有非常重要的地位。

二、设备故障管理的重要性

高度现代化设备的特点是高速、大型、连续、自动化。面对生产率极高的设备，故障停机会带来很大的损失。在大批量生产的机械流程工厂，如汽车制造厂等，防止故障，减少故障停机，保持生产均衡是非常重要的。它不仅能减少维修工作的人力、物力费用和时间，更重要的是保持较高的生产率，创造出每小时几万甚至几十万产值的经济效益。对化工、石油、冶金等流程工业，设备的局部异常会导致整机停转或整个自动生产线停产，甚至由局部的机械、电气故障或泄漏导致重大事故的发生，以致污染环境，破坏生态平衡，造成不可挽回的损失。因此，随着设备现代化水平的提高，加强设备故障管理，防止故障的发生，保持高效的正常运转，有着重要的意义。

三、设备故障全过程管理

目前，大多数设备远未达到无维修设计的程度，因而时有故障发生，维修工作量大。为了全面掌握设备状态，搞好设备维修，改善设备的可靠性，提高设备利用率，必须对设备的故障实行全过程管理。

设备故障全过程管理的内容包括：故障信息收集、储存、统计、整理，故障分析，故障处理，计划实施，处理效果评价及信息反馈（使用单位内部反馈和制造单位反馈）。设备故障的过程管理如图4-1所示。

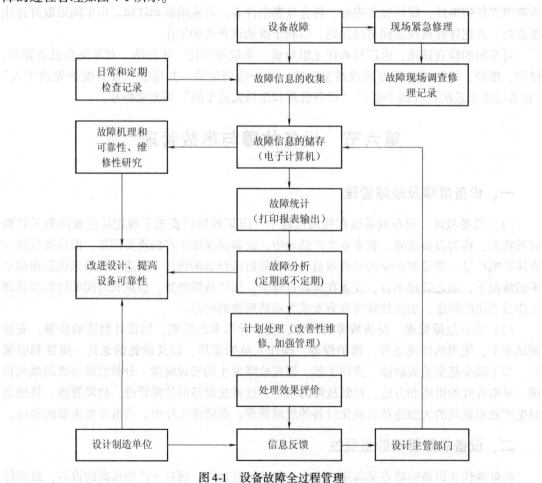

图4-1　设备故障全过程管理

（一）故障信息的收集

1. 收集方式

设备故障信息按规定的表格收集，作为管理部门收集故障信息的原始记录。当生产现场设备出现故障后，由操作工人填写故障信息收集单，交维修组排除故障。有些单位没有故障信息收集单，而用现场维修记录登记故障修理情况。随着设备现代化程度的提高，对故障信息管理的要求也不断提高，表现在：①故障停工单据统计的信息量扩大。②信息准确无误。③将各参量编号，以适应计算机管理的要求。④信息要及时地输入和输出，为管理工作服务。

故障信息收集应有专人负责，做到全面、准确，为排除故障和可靠性研究提供可靠的依据。

2. 收集故障信息的内容

具体内容包括：

（1）故障时间信息的收集 包括统计故障设备开始停机时间，开始修理时间，修理完成时间等。

（2）故障现象信息的收集 故障现象是故障的外部形态，它与故障的原因有关。因此，当异常现象出现后，应立即停车、观察和记录故障现象，保持或拍摄故障现象，为故障分析提供真实可靠的原始依据。

（3）故障部位信息的收集 确切掌握设备故障的部位，不仅可为分析和处理故障提供依据，还可直接了解设备各部分的设计、制造、安装质量和使用性能，为改善维修、设备改造、提高设备素质提供依据。

（4）故障原因信息的收集 产生故障的原因通常有以下几个方面：

1）设备设计、制造、安装中存在缺陷。

2）材料选用不当或有缺陷。

3）使用过程中的磨损、变形、疲劳、振动、腐蚀、变质、堵塞等。

4）维护、润滑不良，调整不当，操作失误，过载使用，长期失修或修理质量不高等。

5）环境因素及其他原因。

（5）故障性质信息的收集 有两类不同性质的故障：一种是硬件故障，即因设备本身设计、制造质量或磨损、老化等原因造成的故障；另一种是软件故障，即环境和人员素质等原因造成的故障。

（6）故障处理信息的收集 故障处理通常有紧急修理、计划检修、设备技术改造等方式。故障处理信息的收集，可为评价故障处理的效果和提高设备的可靠性提供依据。

3. 故障信息数据的准确性

影响信息收集准确性的主要因素是人员因素和管理因素。操作人员、维修人员、计算机操作人员与故障管理人员的技术水平、业务能力、工作态度等均直接影响故障统计的准确性。在管理方面，故障记录单的完善程度，故障管理工作制度、流程及考核指标的制定，人员的配置，均影响信息管理工作的成效。因此，必须结合企业和人员培训，才能切实提高故障数据收集的准确性。

（二）故障信息的储存

开展设备故障动态管理以后，信息数据统计与分析的工作量与日俱增。全靠人工填写、运算、分析、整理，不仅工作效率很低，而且易出错误。采用计算机储存故障信息，开发设备故障管理系统软件，便成为不可缺少的手段。软件系统可以包括设备故障停工修理单据输入模块；随机故障统计分析模块；根据企业生产特点建立的周、月、季度、年度故障统计分析模块；维修人员修理工时定额考核模块等，均是有效的辅助设备管理。在开发故障管理软件时，还要考虑设备一生管理的大系统，把故障管理看成是设备管理的一个子系统，并与其他子系统保持密切联系。

（三）故障信息的统计

设备故障信息输入计算机后，管理人员可根据工作需要，打印输出各种表格、数据、信息，为分析、处理故障，搞好维修和可靠性、维修性研究提供依据。

（四）故障分析

故障分析是从故障现象入手后，分析各种故障产生的原因和机理，找出故障随时间变化的宏观规律，判断故障对设备的影响。研究偶发故障不知事件的预测、预防，从而控制和消灭故障。

设备的故障是多种多样的，为分析故障产生的原因，首先需要对故障进行分类。

1. 故障的分类

1）按故障发生状态，可分为突发性故障和渐发性故障。

2）按故障发生的原因，可分为设备固有的薄弱性故障、操作维护不良性故障、磨损老化性故障。

3）按故障结果，可分为功能性故障和参数性故障。

4）按故障的危险程度，可分为安全性故障和危险性故障。

5）按功能丧失程度，可分为完全性故障和部分性故障。

2. 故障模式与故障机理分析

（1）故障模式　每一种故障的主要特征称为故障模式。生产中常见的故障模式有：振动、变形、腐蚀、疲劳、裂纹、破裂、渗漏、堵塞、发热、烧损、各种绝缘、油质、材质的劣化、噪声、脱落、短路等。

（2）故障机理　指诱发零件、部件、设备发生故障的物理、化学、电学和机械学的过程。

故障的发生受时间、环境条件、设备内部和外部多种因素的影响，有时是一种原因起主导作用，有时是多种因素综合作用的结果。

零件、部件、设备发生故障，大多是由于工作条件、环境条件等方面的能量积累超过了它们所能承受的界限。这些工作条件和环境条件称为故障应力。它是广义的，如工作载荷、电压、电流、温度、湿度、灰尘、放射性、操作失误、维修中安装调整的失误、载荷周期长短、时间劣化等，都是诱导故障产生的外因。作为故障体的零件、部件、设备，其强度、特性、功能以及内部应力和缺陷等，在外部应力作用下，对故障的抑制和诱发也起着重要的、即内因的作用。

因此，故障应力、故障机理、故障模式是密切相关的，如图4-2所示。同一故障可诱发出两种以上的故障机理，如热应力可使材料力学性能降低，同时使零件表面被腐蚀。不同故障应力可分别或同时导致不同的故障机理，某一机理又可衍生另一机理，经过一定时间便形成多种故障模式。例如，蠕变破坏可使零件破裂，而疲劳载荷加上热影响也可造成破裂、破断和磨损。磨损引起发热导致零件磨损、变形、腐蚀和熔融等。有时故障模式相同，造成故障的原因和机理却完全不同。因此，在分析研究设备的故障模式和故障机理时，必须综合考虑故障件本身设计制造过程中各种应力的作用，以及使用、维护保养等。

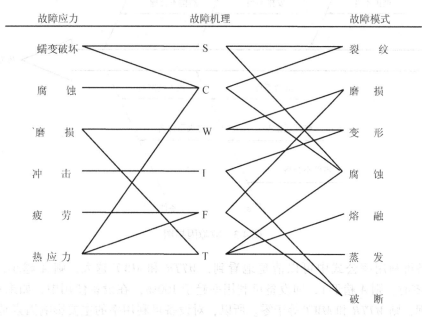

图 4-2　故障机理与故障模式

3. 故障分析的具体方法

分析故障时，首先由设备管理部门统计员或故障管理员汇总计算机打印的记录故障的各种报表，再会同车间机械员一起分析故障频率、故障强度率，采取直方图、因果图等方法，全面分析故障机理、原因，找出故障规律，提出对策。诸如：

1）故障频率和故障强度分析。

2）故障部位分析。

3）故障原因分析。造成故障的原因是多方面的，只有分析研究每一个具体故障的机理，找出导致故障产生的根本原因，才能判断外部环境对故障的影响，也只有这样，故障宏观规律的研究才有可靠的保证。由此可见，故障微观机理的研究是十分重要的，它是有效排除故障、提高设备素质的基础。

查找故障原因时，先按大类划分，再层层细分，直到找出主要原因，采取有效措施加以解决。通常采用的故障因果图的方法，如图 4-3 所示。

4）设备可利用率分析。设备可利用率公式为

$$A = \frac{MTBF}{MTBF + MTTR + MWT}$$

式中　$MTBF$——平均故障间隔时间；

　　　$MTTR$——平均修理时间；

　　　MWT——平均等待时间。

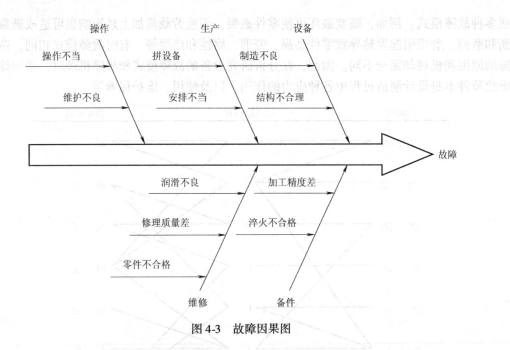

图4-3 故障因果图

从设备可利用率公式中可以清楚地看到，*MTTR* 和 *MWT* 越大，则 *A* 越小；*MTTR* 和 *MWT* 趋于零时，则 *A* 趋于1，即设备可利用率趋于100%。在设备使用中，如果不出故障、不需要修理，则 *MTTR* 和 *MWT* 等于零。所以，对设备可利用率的主要影响因素是故障。企业应从统计 *MTBF*、*MTTR* 和 *MWT* 着手，研究故障随时间的变化规律。

5）故障树分析法的应用。故障树分析法是可靠性预测的一种方法，它在可靠性设计中占有很重要的地位。近年来，一些企业将故障树分析法用于设计和生产现场的管理，取得了较好的效果。

故障树分析（Fault Tree Analysis）简称为 FTA，它是从上一层次的故障入手，分析下一层次故障对上一层次故障的影响。如分析设备零、部件对整个设备产生故障的影响。这种方法不仅可以分析硬件失效，而且可以分析软件、人为因素、环境因素等引起的失效。不仅能分析单一零、部件故障引起的设备（系统）故障，而且可以分析由两个以上零、部件故障引起的设备故障。采用这种方法对有效防止故障和事故，减少停产损失，提高企业经济效果，有着积极的作用。

（五）故障处理

故障处理是在故障分析的基础上，根据故障原因和性质，提出对策，暂时地或较长时间地排除故障。

重复性故障采取项目修理、改装或改造的方法，提高局部（故障部位）的精度，改善整机的性能。对多发性故障的设备，视其故障的严重程度，采取大修、更新或报废的方法。对于设计、制造、安装质量不高，选购不当，先天不足的设备，采取技术改造或更换元器件的方法。因操作失误、维护不良等引起的故障，应由生产车间培训、教育操作工人来解决。因修理质量不高引起的故障，应通过加强维修人员的培训、重新设计或改进维修工夹具、加强维修工的考核等来解决。总之，在故障处理问题上，应从长远考虑，采取有力的技术和管理措施加以根除，使设备经常处于良好状态，更好地为生产服务。

（六）成果评价与信息反馈

对故障管理成果的评价，带有总结性质。由于管理人员认识的局限性，分析问题的主观性，分析故障时缺乏必要手段，素材以及资料不够准确，处理故障时缺乏足够时间等，均会影响故障性质，在短时间内不可能彻底修好，在总结、评定时，应进一步安排计划修理，根除隐患。对已经妥善处理的故障，应填写成果登记表，并将此信息输入计算机，作为故障全过程管理的信息之一加以保存，既可为开展故障诊断和可靠性、维修性研究提供素材，又可为设备选型和购置提供参考资料。

四、设备事故及其类别

设备故障所造成的停产时间或修理费用达到规定限额者为设备事故。企业对发生的设备事故，必须查清原因，并按照事故性质严肃处理。具体划分标准如下：

设备事故分为一般事故、重大事故和特大事故三类。设备事故的分类标准由国务院工业交通各部门确定。

（1）一般事故　修理费用一般设备在 500～10000 元，精、大、稀设备及机械工业关键设备达 1000～30000 元者，或造成全厂供电中断 10～30min 时为一般事故。

（2）重大事故　修理费用一般设备在 10000 元以上，精、大、稀设备及机械工业关键设备达 30000 元以上者，或造成全厂供电中断 30min 以上者为重大事故。

（3）特大事故　修理费用一般设备在 50 万元，或造成全厂停产两天以上；车间停产一周以上者为特大事故。

任何一种事故都会给国家与人民的财产、企业的经济效益带来很大损失，严重的设备爆炸事故，有害气体、液体的泄漏事故，还会污染环境、破坏生态平衡和损害人体健康，因此要采取有效措施、消除事故隐患，搞好安全生产，搞好设备管理，防止事故的发生。

五、设备事故的性质

根据事故产生的原因，可将设备事故性质分成三种：

（1）责任事故　由于人为原因造成的事故，称为责任事故。如擅离工作岗位，违反操作规程，超负荷运转，维护润滑不良，维修不当，忽视安全措施，加工工艺不合理等造成的事故。

（2）质量事故　因设备的设计、制造质量不良、修理质量不良和安装调试不当而引起的事故。

（3）自然事故　因各种自然灾害造成设备事故。

六、设备事故的调查分析及处理

（一）设备事故发生后的工作

立即切断电源，保持现场，逐级上报，及时进行调查、分析和处理。

一般事故发生后，由发生事故单位的负责人，立即组织机械员、工段长、操作人员在设备动力科有关人员参加下进行调查、分析。重大事故发生后，应由企业主管负责人组织有关科室（如技安科、设备动力科、保卫科等）和发生事故单位的负责人，共同调查分析，找出事故原因，制订措施，组织力量，进行抢修。尽快恢复生产，尽量降低由设备事故造成的停产损失。

（二）事故调查分析

调查是分析事故原因和妥善处理事故的基础，这项工作必须注意以下几点：

1）事故发生后，任何人不得改变现场状况。保持原状是查找分析事故原因的主要线索。

2）迅速进行调查。包括仔细查看现场、事故部位、周围环境，向有关人员及现场目睹者询问事故发生前后的情况和过程，必要时可照相。调查工作开展越早越仔细，对分析原因和处理越有利。

3）分析事故切忌主观，要根据事故现场实际调查，理化实验数据，定量计算与定性分析，判断事故原因。

（三）设备事故的处理

事故处理要遵循"三不放过"原则，即：① 事故原因分析不清，不放过。② 事故责任者与群众未受到教育，不放过。③ 没有防范措施，不放过。企业生产中发生事故总是一件坏事，必须认真查出原因，妥善处理，使责任者及群众受到教育，制订有效措施防止类似事故重演，绝不可掉以轻心。

在查清事故原因、分清责任后，对事故责任者视其情节轻重、责任大小和认错态度，分别给予批评教育、行政处分或经济处罚。触犯法律者要依法制裁。对事故隐瞒的单位和个人，应加重处罚，并追究领导责任。

（四）设备事故损失的计算

1）停产时间及损失费用的计算。

停产时间：从发生事故停工开始，到设备修复后投入使用为止的时间。

停产损失费用：停产损失(元) = 停机小时 × 每小时生产成本费用。

2）修理时间和费用的计算。

修理时间：从开始修理发生事故的设备，到全部修好交付使用为止的时间。

修理费用：修理费(元) = 材料费(元) + 工时费(元)。

3）事故损失费(元) = 停产损失费(元) + 修理费(元)。

（五）设备事故的报告及原始资料

1. 设备事故报告

发生设备事故单位应在三日内认真填写事故报告单，报送设备管理部门。一般事故报告单应由企业设备管理部门签署处理意见。重大和特大事故报告单应由企业主管领导批示。特大事故应报告上级主管部门及国务院下属各大部，听候处理指示。

设备事故处理和修复后，应按规定填写修理记录，计算事故损失费用，报送设备管理部门，设备管理部门每季度应统计上报设备事故及处理情况。

2. 设备事故原始记录及存档

设备事故报告表应记录的内容：

1）设备名称、型号、编号、规格等。

2）发生事故的时间，详细经过，事故性质，责任者。

3）设备损坏情况，重大、特大事故应有照片，以及损坏部位，原因分析。

4）发生事故前、后设备主要精度和性能的测试记录，修理情况。

5）事故处理结果及今后防范措施。

6）重大、特大事故应有事故损失的计算。

设备事故的所有原始记录和有关资料，均应存入设备档案。

思　考　题

4-1　如何正确使用和维护设备？

4-2　设备故障管理全过程有哪些内容？

4-3　实现故障全过程管理的必要条件和措施是什么？

4-4　加强故障管理的重要意义有哪些？

4-5　试分析在现场管理中故障树分析法的作用。

4-6　设备事故如何分析和处理？

4-7　企业的事故隐患及防治措施有哪些？

2）发生事故的原因，有无违纪违章、事故隐患、管柱等。

3）长期停用的原因，主要是什么原因引起的，以及相关措施、制订分析。

4）主要事故的，负有责任主要的原始的经历的记录，等。整理情况等。

5）在职岗位的主要。该设备的保养。

6）重大、技术改造。

技术状态的管理，记录事故的过程。

第五章

设备的润滑管理

机械设备的使用过程，既是其生产产品、创造利润的过程，也是其自身磨损消耗的过程。无数事实证明，磨损是机械设备失效最主要的原因之一。

现代机械设备向着高度自动化、高精度、高生产率方向发展，保持其良好的润滑条件是其正常运转的基本条件。

设备润滑工作是设备管理和维护工作中极其重要的组成部分和关键环节。合理地润滑设备，可以使设备经常处于良好的润滑状态。相反，设备润滑不良，将会导致设备出现故障，甚至破坏设备的精度和性能。

搞好设备润滑的关键是抓好设备润滑的管理工作。设备的润滑管理是指对企业设备的润滑工作，进行全面合理的组织和监督，按技术规范的要求，实现设备的合理润滑和节约用油，使设备正常安全地运行。它包括：建立和健全润滑管理的组织，制定并贯彻各项润滑管理工作制度，实施润滑"五定"，开展润滑工作的计划与定额管理，强化润滑状态的技术检查以及认真做好废油的回收与再生利用等。

第一节 摩擦与磨损

阻止两物体接触表面做相对切向运动的现象称为摩擦。固体摩擦表面上物质不断损耗的过程称为磨损，表现为物体尺寸和（或）形状的改变，一般还伴随着表面质量的变化。磨损是伴随摩擦而产生的必然结果，是诸多因素相互影响的复杂过程。目前研究摩擦、磨损和润滑及其应用已形成一门新的学科——摩擦学，开始对磨损进行较为深入的研究，但关于磨损的机理目前还研究得不够深透。

研究摩擦与磨损有着重大的意义。有人估计，消耗在磨损上的能源约占世界能源消耗量的1/3，大约有80%的损坏零件是由于磨损造成的。磨损不仅是材料消耗的主要原因，也是设备技术状态变坏和影响设备寿命的重要因素。尤其是现代设备对生产和企业经营效果的影响日益扩大，因此，对磨损的研究引起了人们的极大注意。

一、摩擦的分类

摩擦可根据摩擦副的运动状态、运动形式和表面润滑状态进行分类，见表5-1。

表 5-1　摩擦的类型及特点

分类方法	类　型	特　点
按运动 状态	静摩擦	一物体沿另一物体表面，只有相对运动的趋势；静摩擦力随外力变化而变化；当外力克服最大静摩擦力时，物体才开始宏观运动
	动摩擦	一物体沿另一物体表面有相对运动时的摩擦
按运动 形式	滑动摩擦	两接触物体之间的动摩擦，其接触表面上切向速度的大小和方向不同
	滚动摩擦	两接触物体之间的动摩擦，其接触表面上至少有一点切向速度的大小和方向均相同
按润滑 状态	干摩擦	物体接触表面无任何润滑剂存在时的摩擦，它的摩擦因数极大
	边界摩擦	两物体表面被一层具有层结构和润滑性能的、极薄的边界膜分开的摩擦
	流体摩擦	两物体表面完全被润滑剂膜隔开时的摩擦，摩擦发生在界面间的润滑剂内部，摩擦因数最小
	混合摩擦	摩擦表面上同时存在着干摩擦和边界摩擦，或同时存在流体摩擦，或同时存在流体摩擦和边界摩擦的总称

二、摩擦的实质

在机械中互相接触并有相对运动的两个构件称"运动副"或"摩擦副"。两固体表面直接接触时，由于各自表面实际上只有凸峰相互接触，接触面积很小。当在正压力作用下作相对切向运动时，将出现下列情况：

1）在正压力作用下，各凸峰的接触点处产生很大的接触应力，对塑性材料来说即引起塑性变形，造成表面膜破坏。同时，在塑性变形后的再结晶中有可能由两表面的金属共同形成新生晶格。在此情况下，这些接触点处便产生粘着结合，当它们做相对运动时，将这些粘着点撕脱或剪断，这时所需要的作用即是摩擦力。

2）当两物体的材料硬度相差很大，硬质材料的凸峰便会嵌入到软的材料中去。它们做相对运动时，硬的凸峰就会在软的材料上切削出沟槽，因而摩擦力以切削阻力的形式出现。

3）两物体的实际接触表面由于紧密相连接，会产生分子引力。相对运动时还必须克服此分子引力的作用。

以上这些构成了摩擦力的产生基础，它们是摩擦现象的实质。

三、摩擦的机理

摩擦现象的机理尚未形成统一的理论，目前几种主要理论是：

（1）机械理论　摩擦过程中，由于表面存在一定的表面粗糙度，凹凸不平处互相产生啮合力。

（2）分子理论　当分子间接近到一定距离时，会产生吸引力。所以，在表面粗糙时，随着表面粗糙度值下降，摩擦减少；而表面粗糙度值很小时，随着表面粗糙度值进一步下降摩擦反而加大。这一点机械理论解释不了。

（3）粘着理论　接触表面在载荷作用下，某些接触点会产生很大的单位压力和局部高温，从而发生粘着，运动中又被剪断（撕开）而产生运动的阻力。

（4）能量理论　大部分摩擦能量消耗于表面的弹性和塑性变形、凸峰的断裂、粘着与撕开，大部分表现为热能，其次是发光、辐射、振动、噪声及化学反应等一系列能量消耗现象。能量平衡理论是从综合的观点，从摩擦学系统的概念出发来分析摩擦过程。影响能量平衡的因素有材料、载荷、工作介质的物理和化学性质，以及摩擦路程等。

影响摩擦的因素主要有材料、载荷、速度、温度、表面粗糙度、表面膜（氧化膜、气体或液体吸附膜等）等。

由于设备高参数化，逐渐引起人们对特殊工况下摩擦副的研究兴趣。摩擦副处于高温、低温、高速、真空等特殊条件下工作，其摩擦就具有某些特殊性。

四、磨损的实质

1. 磨损是物体在摩擦中相互作用的结果

零件的工作表面在摩擦时会产生磨损。在磨损过程中，零件不仅改变外形和尺寸，从摩擦表面上分离出材料颗粒，或在表面上产生残留变形，而且还会发生各种物理、化学和机械的现象。

摩擦表面的粗糙不平，相互接触时的相互作用，形成了不同的摩擦边界点，导致表面微观体积的变化和破坏，造成表面的磨损。摩擦连接不断产生消失，以及从一种连接变换为另一种，对磨损过程有重要影响。

表面摩擦连接多次的重复作用使表面上的材料产生疲劳裂纹和微观鳞状物，并以颗粒的形式脱落下来。润滑剂的作用、氧化反应和摩擦热效应等都会影响疲劳过程的进展。

2. 使摩擦表面发生变化

摩擦时，零件表面微观凹凸不平的相互接触处会发生弹性或塑性变形。它会产生和伴随一连串派生的物理、化学和力学变化，主要有热的作用、氧化作用、机械作用、疲劳作用和吸附现象，从而导致材料的磨损。

（1）表面微观裂纹的生成及其破坏作用　表面材料受到重复性的机械作用和热应力作用而出现微观裂纹，并向内部延伸，在某个深度处又连接起来，最终导致材料从表面上脱落下来。

（2）化学反应过程　材料表面会与空气周围介质形成氧化物和其他化合物，还会和从润滑油和材料中分离出来的原子氢相作用而变脆。这些化学作用使材料表面层的性质和主体金属的性质大不相同。

（3）润滑剂的作用　在很多情况下润滑剂决定着磨损的程度。它除了减少摩擦和降低磨损的作用外，有时润滑油渗入材料的微观裂纹中，在楔挤作用下促使裂纹扩大，使表面材料破裂脱落。

（4）摩擦表面间材料的转移　摩擦时，材料从一个表面转移到另一个表面，通常是塑性大的材料由于分子的粘着和涂抹作用而转移到较硬的材料上去。转移材料的脱落就是磨损。这是由于摩擦温度升高、金属软化、融熔、粘附、转移造成的结果。

五、磨损的规律

试验结果表明，机械零件的正常磨损过程大致可分为三个阶段，如图5-1所示。图中的曲线称为磨损特性曲线，表示磨损量随着时间的增长而变化的规律。

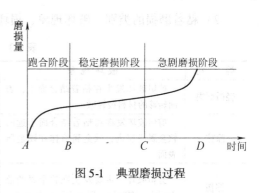

图 5-1　典型磨损过程

1. 磨合磨损阶段（又称跑合阶段）

零件加工后的表面较粗糙，使用初期，由于机械摩擦磨损及其产生的微粒造成的磨料磨损，而使磨损十分迅速，表面粗糙度值减小，实际接触面积不断增加，单位面积压力减小，达到 B 点时，正常工作条件已经形成。这一阶段应注意磨合规范，选择合适的负荷、转速、润滑剂，经数小时或更长的时间，跑合完成后，应当清洗换油。

2. 正常磨损阶段（又称稳定磨损阶段、工作磨损阶段）

图中的 BC 段基本呈一直线，一般情况下其斜率不大。这是因为在前一阶段的基础上，建立了弹性接触的条件，这时磨损已经稳定下来，磨损量与时间成正比增加，磨损速度较小，持续时间较长，是零件的正常使用期限。为减少磨损，延长零件使用寿命，这期间要做到合理使用和正确地维护保养，尤其是合理地润滑，建立、健全和严格遵守设备的操作规程。这一阶段的后期磨损进程相对加快。

3. 急剧磨损阶段（又称强烈磨损阶段）

当磨损阶段达到 C 点以后，磨损的速度开始变大，因为此时零件的几何形状改变，表面质量变坏，间隙增大，零件润滑条件随之变坏，运转时出现附加的冲击载荷、振动的噪声，温度升高，与前面变坏了的条件形成恶性循环，这一阶段容易发生故障和事故，最后导致零件完全失效。因此，这阶段要及时控制，采取合理的修理措施和监测手段，防止设备精度和效率显著地下降，注意由于磨损条件恶化而破坏贵重复杂的重要零部件。

研究零件的磨损规律，掌握各种零部件磨损的特点，以制订合理的维修策略和修理计划。

六、磨损的分类

1）磨损的基本类型、内容、特点和举例见表 5-2。

表 5-2　磨损的基本类型

类　型	内　容	特　点	举　例
粘着磨损	摩擦副做相对运动，由于固相焊合，接触表面的材料由一个表面转移到另一个表面的现象	接触点粘着剪切破坏	缸套-活塞环、轴瓦-轴、滑动轨副
磨粒磨损	在摩擦过程中，因硬的颗粒或凸出物刮擦微切削摩擦表面而引起材料脱落的现象	磨粒作用于材料表面而破坏	球磨面衬板与钢球、农业和矿山机械零件
疲劳磨损	两接触表面滚动或滚滑复合摩擦时，因周期性载荷作用，使表面产生变形和应力，导致材料裂纹和分离出微片或颗粒的磨损	表层或次表层受接触力反复作用而疲劳破坏	滚动轴承、齿轮副、轮副、钢轨与轮箍
腐蚀磨损	在摩擦过程中，金属同时与周围介质发生化学或电化学反应，产生材料损失的现象	有化学反应或电化学反应的表面腐蚀破坏	曲轴轴颈氧化磨损、化工设备中的零件表面

2）粘着磨损的类别、破坏现象、损坏原因及实例见表5-3。

表 5-3　粘着磨损的分类

类　　别	破 坏 现 象	损 坏 原 因	实　　例
轻微磨损	剪切破坏发生在粘着结合面上，表面转移的材料极轻微	粘着结合强度比摩擦副的两基体金属都弱	轴与滑动轴承、缸套与活塞环
涂抹	剪切破坏发在离粘着结合面不远的软金属浅层内，软金属涂抹在硬金属表面	粘着结合强度大于较软金属的剪切强度	磨机主轴轴颈与巴氏合金轴瓦、重载蜗杆副
擦伤	剪切破坏，主要发生在软金属的亚表层内，有时硬金属亚表面也有划痕	粘着结合强度比两基体金属都高，转移到硬金属上的粘着物质又拉削软金属表面	减速器齿轮表面、内燃机铝活塞壁与缸体
撕脱	剪切破坏发生在摩擦副一方或两方金属较深处	粘着结合强度大于任一基体金属的剪切强度，切应力高于粘着结合强度	主轴——轴瓦
咬死	摩擦副之间咬死，不能相对运动	粘着结合强度比任一基体金属的剪切强度都高，且粘着区域大，切应力低于粘着结合强度	齿轮泵中的轴与轴承、齿轮副、不锈钢螺栓与螺母

3）磨粒磨损有凿削式、高应力碾碎式及低应力擦伤式三种形式，其产生的条件、破坏形式和实例表5-4。

表 5-4　磨粒磨损的分类

分　　类	产 生 条 件	破 坏 形 式	实　　例
凿削式	磨粒对材料表面产生高应力碰撞	从材料表面上凿削下大颗粒金属，被磨金属有较深的沟槽	挖掘机斗齿、破碎机锤头、颚板
高应力碾碎式	磨粒与金属表面接触处的最大压应力大于磨粒的压溃强度	一般材料被拉伤，韧性材料产生变形或疲劳，脆性材料发生裂碎或剥落	磨机衬板与钢球、破碎机的滚轮、扎碎机滚筒
低应力擦伤式	磨粒作用表面的应力不超过磨料的压溃强度	材料表面产生擦伤或微小切痕、累积磨损	磨机的衬板、犁铧、溜槽、料仓、漏斗、料车

七、影响磨损的因素

影响磨损的因素众多复杂，主要有：材料、运转条件、几何因素、环境因素等，详细内容见表5-5。

表 5-5　影响磨损的因素

材　　料	运 转 条 件	几 何 因 素	环 境 因 素
成分	载荷/压力	面积	总的润滑剂量
组织结构	速度	形状	污染情况
弹性模量	滑动距离	尺寸大小	外界温度
硬度	滑动时间	表面粗糙度	外界压力
润滑剂类型	循环次数	间隙	湿度
润滑剂黏度	表面温升	对中性	空气成分
工作表面物理和化学性质	润滑膜厚度	刀痕	

八、减少磨损的途径

1. 合理润滑

尽量保证液体润滑，采用合适的润滑材料和正确的润滑方法，采用润滑添加剂，注意密封。

2. 正确选择材料

这是提高耐磨性的关键。例如对于抗疲劳磨损，则要求钢材质量好，控制钢中有害杂质。采用抗疲劳的合金材料，如采用铜铬钼合金铸铁做气门挺杆，采用球墨铸铁做凸轮等，可使其寿命大大延长。

3. 表面处理

为了改善零件表面的耐磨性可采用多种表面处理方法，如采用滚压加工表面强化处理，各种化学表面处理，塑性涂层、耐磨涂层，喷钼、镀铬、等离子喷涂等。

4. 合理的结构设计

正确合理的结构设计是减少磨损和提高耐磨性的有效途径。结构要有利于摩擦副间表面保护膜的形成和恢复、压力的均匀分布、摩擦热的散逸、磨屑的排出、以及防止外界磨粒、灰尘的进入等。在结构设计中，可以应用置换原理，即允许系统中一个零件磨损以保护另一个重要的零件；也可以使用转移原理，即允许摩擦副中另一个零件快速磨损而保护较贵重的零件。

5. 改善工作条件

尽量避免过大的载荷、过高的运动速度和工作温度，创造良好的环境条件。

6. 提高修复质量

提高机械加工质量、修复质量、装配质量以及提高安装质量是防止和减少磨损的有效措施。

7. 正确地使用和维护

要加强科学管理和人员培训，严格执行遵守操作规程和其他有关规章制度。机械设备使用初期要正确地进行磨合。要尽量采用先进的监控和测试技术。

对于几种基本的磨损类型，防止或减少磨损的方法与途径见表5-6。

表5-6 防止或减少磨损的方法与途径

磨 损 类 型	防止或减少磨损的方法与途径
粘着磨损	1. 正确选择摩擦副材料，如适当选用脆性材料、互溶性小的材料、多相金属等 2. 合理选用润滑剂，保证摩擦面间形成流体润滑状态 3. 采用合理的表面处理工艺
磨粒磨损	1. 选用硬度较高的材料 2. 控制磨粒的尺寸和硬度 3. 根据工作条件，采用相应的表面处理工艺 4. 合理选用并供给洁净的润滑剂
疲劳磨损	1. 合理选用摩擦副材料 2. 减小表面粗糙度，消除残余内应力 3. 合理选用润滑剂的黏度和添加剂

（续）

磨 损 类 型		防止或减少磨损的方法与途径
腐蚀磨损	氧化磨损	1. 当接触载荷一定时，应控制其滑动速度，反之则应控制接触载荷 2. 合理匹配氧化膜硬度和基本金属硬度、保证氧化膜不受破坏 3. 合理选用润滑油黏度，并适量加入中性极压添加剂
	特殊介质腐蚀磨损	1. 利用某些特殊元素与特殊介质作用，形成化学结合力较高、结构致密的钝化膜 2. 合理选用润滑剂 3. 正确选择摩擦副材料

第二节   设备润滑管理的目的与任务

一、润滑管理的意义

设备润滑是防止和延缓零件磨损和其他形式失效的重要手段之一。润滑管理是设备工程的重要内容之一。加强设备的润滑管理工作，并把它建立在科学管理的基础上，对保证企业的均衡生产、保持设备完好并充分发挥设备效能、减少设备事故和故障、提高企业经济效益和社会经济效益都有着极其重要的意义。

润滑在机械传动中和设备保养中均起着重要作用，润滑能影响到设备性能、精度和寿命。对企业的在用设备，按技术规范的要求，正确选用各类润滑材料，并按规定的润滑时间、部位、数量进行润滑，以降低摩擦、减少磨损，从而保证设备的正常运行、延长设备寿命、降低能耗、防治污染，达到提高经济效益的目的。因此，搞好设备的润滑工作是企业设备管理中不可忽视的环节。

自从人类不断扩大自己能力的手段，将工具发展成机器以来，人们就认识运动和摩擦、磨损、润滑的密切关系。但是长期以来，研究工作和实践多数是围绕着表面现象进行。随着现代工业的发展，润滑问题显得更为重要了，现代设备向着高精度、高效率、超大型、超小型、高速、重载、节能、可靠性、维修性等方面发展，导致机械中摩擦部分的工况更加严酷，润滑变得极为重要，许多情况下甚至成为尖端技术的关键，如高温、低温、高速、真空、辐射及特殊介质条件下的润滑技术等。润滑再不仅仅是"加油的方法"的问题了。实践证明，盲目地使用润滑材料，光凭经验搞润滑是不行的，必须掌握摩擦、磨损、润滑的本质和规律，加强这方面的科学技术的开发，建立起技术队伍，实行严格科学的管理，才能收到实际效果。同时，还必须将设计、材料、加工、润滑剂、润滑方法等广泛内容综合起来进行研究。

将具有润滑性能的物质施入机器中做相对运动的零件的接触表面上，以减少接触表面的摩擦，降低磨损的技术方式，称为设备润滑。施入机器零件摩擦表面上的润滑剂，能够牢牢地吸附在摩擦表面上，并形成一种润滑油膜。这种油膜与零件的摩擦表面结合得很强，因而两个摩擦表面能够被润滑剂有效地隔开。这样，零件间接触表面的摩擦就变为润滑剂本身的分子间的摩擦，从而起到降低摩擦、磨损的作用。由此可以看出，润滑与摩擦、磨损有着密切关系。人们把研究相互作用的表面做相对运动时所产生的摩擦、磨损和进行润滑这三个方面有机地结合起来，统称为摩擦学。

润滑的作用一般可归结为：控制摩擦、减少磨损、降温冷却、可防止摩擦面锈蚀、冲洗作用、密封作用、减振作用（阻尼振动）等。润滑的这些作用是互相依存、互相影响的。如不能有效地减少摩擦和磨损，就会产生大量的摩擦热，迅速破坏摩擦表面和润滑介质本身，这就是摩擦副短时缺油会出现润滑故障的原因。

润滑的主要任务就是同摩擦的危害做斗争。搞好设备润滑工作就能保证：

1）维持设备的正常运转，防止事故的发生，降低维修费用，节省资源。

2）降低摩擦阻力，改善摩擦条件，提高传动效率，节约能源。

3）减少机件磨损，延长设备的使用寿命。

4）减少腐蚀，减轻振动，降低温度，防止拉伤和咬合，提高设备的可靠性。

合理润滑的基本要求是：

1）根据摩擦副的工作条件和作用性质，选用适当的润滑材料。

2）根据摩擦副的工作条件和作用性质，确定正确的润滑方式和润滑方法，设计合理的润滑装置和润滑系统。

3）严格保持润滑剂和润滑部位的清洁。

4）保证供给适量的润滑剂，防止缺油及漏油。

5）适时清洗换油，既保证润滑又要节省润滑材料。

为保证上述要求，必须搞好润滑管理，实施合理的润滑管理制度。

二、润滑管理的目的和任务

控制设备摩擦、减少和消除设备磨损的一系列技术方法和组织方法，称为设备润滑管理，其目的是：

1）给设备以正确润滑，减少和消除设备磨损，延长设备使用寿命。

2）保证设备正常运转，防止发生设备事故和降低设备性能。

3）减少摩擦阻力，降低动能消耗。

4）提高设备的生产效率和产品加工精度，保证企业获得良好的经济效果。

5）合理润滑，节约用油，避免浪费。

润滑管理的基本任务是：

1）建立设备润滑管理制度和工作细则，拟定润滑工作人员的职责。

2）搜集润滑技术、管理资料，建立润滑技术档案，编制润滑卡片，指导操作工和专职润滑工搞好润滑工作。

3）核定单台设备润滑材料及其消耗定额，及时编制润滑材料计划。

4）检查润滑材料的采购质量，做好润滑材料进库、保管、发放的管理工作。

5）编制设备定期换油计划，并做好废油的回收、利用工作。

6）检查设备润滑情况，及时解决存在的问题，更换缺损的润滑元件、装置、加油工具和用具，改进润滑方法。

7）采取积极措施，防止和治理设备漏油。

8）做好有关人员的技术培训工作，提高润滑技术水平。

9）贯彻润滑的"五定"原则，总结推广和学习应用先进的润滑技术和经验，以实现科学管理。

第三节　设备润滑管理的组织与制度

一、润滑管理组织

1. 组织机构

为了保证润滑管理工作的正常开展，企业润滑管理组织机构应根据企业规模和设备润滑工作的需要，合理地设置各级润滑管理组织，配备适当人员，这是搞好设备润滑的重要环节和组织保证。

润滑管理的组织形式目前主要有两种，即集中管理形式和分散管理形式（在转换企业经营机制过程中根据设备管理的需要企业可以统筹考虑润滑组织的设置）。

（1）集中管理形式　就是在企业设备动力部门下设润滑站和润滑油再生组，直接管理全厂各车间的设备润滑工作（图5-2）。这种管理形式的优点是有利于合理使用劳动力，有利于提高润滑人员的专业化程度、工作效率和工作质量，有利于推广先进的润滑技术。这种组织形式的缺点是与生产的配合较差。所以，这种组织形式主要用于中、小型企业。

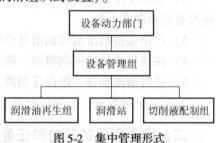

图5-2　集中管理形式

（2）分散管理形式　就是在设备动力部门建立润滑总站，下设润滑油配制组、切削液配制组和废油回收再生组，负责全厂的润滑油、切削液和废油再生。车间都设有润滑站，负责车间设备润滑工作（图5-3）。这种形式的优点是能充分调动车间积极性，有利于生产配合，其缺点是技术力量分散，容易忽视设备润滑工作。分散管理形式主要用于大型企业。

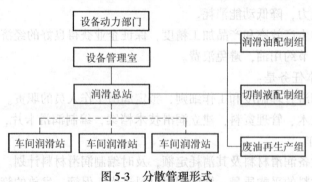

图5-3　分散管理形式

2. 润滑管理人员的配备

大中型企业，在设备动力部门要配备主管润滑工作的工程技术人员。小型企业，应在设备动力部门内设专（兼）职润滑技术人员。润滑技工的数量可根据企业设备复杂系数总额来确定。表5-7是按修理复杂系数确定人员的配备的比例参考数。

表 5-7 润滑工人配备比例

设 备 类 别	机械修理复杂系统数（F_J）	应 配 人 数
金属切削设备	800 ~ 1000	1
铸锻设备	600 ~ 800	1
冲剪设备	700 ~ 900	1
起重运输设备	500 ~ 700	1

根据开展润滑油工况检测和废油再生利用的需要，大中型企业应配备油料化验室和化验员。设有废油处理站的应有专人管理。

润滑技术人员应受过中专以上机械或摩擦润滑工程专业的教育，能够正确选用润滑材料，掌握有关润滑新材料的信息，并具备操作一般油的分析和监测仪器、判定油品的优劣程度的能力，不断改进润滑管理工作。

润滑工人是技术工种，除掌握润滑工应有的技术知识外，还应有二级以上维修钳工的技能。要完成清洗、换油、添油工作，经常检查设备润滑状态，做好各种润滑工具的管理，还应协助搞好各项润滑管理业务，定期抽样送检等。

二、润滑管理制度

1. 润滑材料的入库制度

1）供销科根据设备动力科提出的润滑材料申请计划，按要求时间及牌号及时采购进厂。

2）润滑材料进厂后由化验部门对油品主要质量指标进行检验合格方可发用。采用代用油品必须经设备动力科同意。

3）润滑材料入库之后应妥善保管以防混杂或变质，所有油桶都应盖好。更不得露天堆放。在库内也不得敞口存放。

4）润滑材料库存二年以上者，须由化验部门重新化验，合格者发给合格证，不合格者不得使用。

2. 润滑总站和车间分站管理制度

1）管理本站油库，油桶必须实行专桶专用分类存放，严禁混杂在一起；并标记牌号，盖好盖子。

2）油料必须要进行三级过滤。

3）保持库内清洁整齐，所有储油箱每年至少要洗净 1 ~ 2 次，各种用具应放在柜子里。

4）做好收发油料记录，添油、换油、领发油、废油回收及再生都要登账，按车间分类，每月定期汇总上报设备动力科，抄送财务科、供销科；如某种润滑材料数量不足时，应敦促及时采购。

5）面向车间，服务生产。认真贯彻润滑"五定"规范。每季度会同车间机械员或维修组长进行一次设备润滑技术状态（包括油箱清洁情况）的检查，检查中发现油杯、油盒、毛线、毛毡缺损者要做好记录及时改进，协助车间做好防漏治漏工作。

6）做好配制切削冷却液和废油回收工作，有条件的单位，可搞废油再生，再生油应进行试验，合格者方可使用（再生油一般用于表面润滑，乳化液应进行稳定性和防锈作用试验）。

7）油库建筑设施，工业管理及各种机械电气设施都必须符合有关安全规程；严格遵守安全防火制度。

8）润滑站内人员都要严格遵守润滑管理各项制度，认真履行岗位职责制，积极推广先进润滑技术与润滑管理经验。

9）管好润滑器具，设备操作者领用油枪油壶要记账，妥善保管，破损者以旧换新，不得丢失。

3. 设备的清洗换油制度

1）设备清洗换油计划在集中管理的小型企业，由润滑技术员负责编制；在分级管理的大、中型企业由车间机械员负责。精、大、稀设备则会同润滑技术员共同编制。

2）设备的清洗换油计划，应尽量与一、二级保养及大、中修理计划结合进行。根据油箱清洁普查结果，确定本季（月）换油计划。

大油箱在换油前可进行检验，如油质良好则可延长使用时间。换油周期可参阅表5-8。

表5-8　二班制生产设备油箱换油周期表

油箱的容量/kg	换油周期/月		添油到规定油标线的间隔期/日
	正常使用	有磨料、灰尘或其他污物	
10 以下	7 ~ 8	5 ~ 6	10 ~ 15
10 ~ 50	8 ~ 10	6 ~ 7	20 ~ 25
超过 50	10 ~ 12	7 ~ 8	35
对于滚动轴承	10 ~ 12	7 ~ 8	10 ~ 15

3）换油工作一般以润滑工为主，操作者必须配合。对于精、大、稀设备，维修钳工参加，车间机械员验收。每次换油后，做好记录，发现问题，及时处理。换下的废油及洗涤煤油，注意回收，防止溅落地上。

4. 切削液的管理制度

1）切削液的配制，一般由设备动力科润滑站负责，也可由车间润滑工负责，做好及时供应工作。

2）切削液应经检验，质量不合格或储存腐败的切削液不得使用。

3）必须严格遵守切削液配制工艺规程，保证切削液质量良好，防止机床锈蚀。

5. 废油回收及再生制度

1）根据勤俭节约原则，企业应将废旧油料回收再生使用，防止浪费。

2）在油箱换油时，应将废油送往润滑站进行回收。废油回收率达到油箱容量85% ~95%。

3）废油回收及再生工作应严格按下列要求进行：

① 不同种类的废油，应分别回收保管。

② 废油程度不同的或混有切削液的废油，应分别回收保管，以利于再生。

③ 废洗油和其他废油应分别回收，不得混在一起。

④ 废旧的专用油及精密机床润滑油，应单独回收。

⑤ 储存废油的油桶要盖好，防止灰砂及水混入油内。

⑥ 废油桶应有明显的标志，仅作储存废油专用，不应与新油桶混用。

⑦ 废油回收及再生场地，要清洁整齐。做好防火安全工作，要做好收发记录，按车间每月定期汇总上报。

三、润滑工作各级责任制

1. 润滑技术员的职责

1）组织全厂设备润滑管理工作，拟定各项管理制度及有关人员的职责范围，经领导批准公布并贯彻执行。

2）制订每台设备润滑材料和擦拭材料消耗定额。根据设备开动计划，提出全年、季度、月份的需用申请计划交供销部门及时采购。

3）会同厂有关试验部门对油品质量进行试验提出解决措施。

4）编制全厂设备润滑图表和有关润滑技术资料供润滑工、操作者和维修人员使用。

5）指导车间维修工和润滑工处理有关设备润滑技术问题，并组织业务学习。

6）对润滑系统和给油装置有缺陷的设备，向车间提出改进意见，通过设备科长有权停止继续使用。

7）根据加工工艺要求和规定，提出切削液的种类、配方和制作方法。

8）编制切削液配制工艺，指导废油回收和再生。

9）熟悉国内外有关设备润滑管理经验和先进技术资料，提出有关设备润滑方面的合理化建议，不断改进工作，并及时总结经验加以推广。

10）组织新润滑材料、新工具、新润滑装置的试验、鉴定推广工作，对精、大、稀设备润滑材料代用提供意见。

2. 润滑工职责

1）熟悉所管各种设备的润滑情况和所需的油质油量要求。

2）贯彻执行设备润滑的"五定"管理制度，认真执行油料三级过滤规定。

3）检查设备油箱的油位，1~2星期检查加油一次，经常保持油箱达到规定的油面。

4）按设备换油计划（或一、二级保养计划）在维修钳工、操作工人的配合下，负责设备的清洗换油，保证油箱油的清洗质量。

5）管好润滑站油库，保持适当贮备量（一般为月耗量的1/2），贯彻油库管理制度。

6）按照油料消耗定额，每天上班前给机床工人发放油料（可采用双油壶制或送油到车间）。

7）配合车间机械员每季度一次检查设备技术状况和油箱洁净情况，将发现问题填写在润滑记录本中，及时修理改进。

8）监督设备操作者正确润滑保养设备。对不遵守润滑图表规定加油者应提出劝告或报告机械员处理。

9）按规定数量回收废油，遵守有关废油回收再生的规定和切削液配制规定。

10）在设备动力科的指导下，进行新润滑材料的试验和润滑器具的改进工作，做好试验记录。

四、设备润滑的"五定管理"和"三过滤"

设备润滑的"五定管理"和"三过滤"是把日常润滑技术管理工作规范化、制度化，保证搞好润滑工作的有效方法，也是我国润滑工作的经验总结，企业应当认真组织、切实做好。

1. 润滑"五定管理"的内容

（1）定点 根据润滑图表上指定的部位、润滑点、检查点（油标窥视孔），进行加油、添油、换油，检查液面高度及供油情况。

（2）定质 确定润滑部位所需油料的品种、牌号及质量要求，所加油质必须经化验合格。采用代用材料或掺配代用，要有科学根据。润滑装置、器具完整清洁，防止污染油料。

（3）定量 按规定的数量对润滑部位进行日常润滑，实行耗油定额管理，要搞好添油、加油和油箱的清洗换油。

（4）定期 按润滑卡片上规定的间隔时间进行加油，并按规定的间隔时间进行抽样化验，视其结果确定清洗换油或循环过滤，确定下次抽样化验时间，这是搞好润滑工作的重要环节。

（5）定人 按图表上的规定分工，分别由操作工、维修工和润滑工负责加油、添油、清洗换油，并规定负责抽样送检的人员。

设备部门应编制润滑"五定管理"规范表，具体规定哪台设备、哪个部位、用什么油、加油（换油）周期多长、用什么加油装置、由谁负责等。随着科学技术的发展和经验的积累，在实践中还要进一步充实和完善"五定管理"。

2. "三过滤"

"三过滤"也称三级过滤，是为了减少油中的杂质含量，防止尘屑等杂质随油进入设备而采取的措施，包括入库过滤，发放过滤和加油过滤。其含义如下：

（1）入库过滤 油液经运输入库、泵入油罐储存时要经过过滤。

（2）发放过滤 油液发放注入润滑容器时要经过过滤。

（3）加油过滤 油液加入设备储油部位时要经过过滤。

第四节 设备润滑图表与管理用表

设备润滑图表是指导设备正确润滑的重要基础技术资料，它以润滑"五定"为依据，兼用图文显示出"五定"的具体内容。

一、设备润滑图表

1. 编制设备润滑图表的目的

编制设备润滑图表可使设备管理部门对设备润滑的管理规范化、制度化，使润滑工、生产班组操作工、维修人员、管理技术人员对每台设备的"五定"内容一目了然，以使设备润滑工作真正落到实处。

2. 设备润滑图表的来源与表现形式

设备润滑图表一般来源于设备说明书，也可以根据有关资料自己编制，大体有以下三种表现形式：

1）绘制图样，标记序号，集中在表格中说明，如图5-4所示。

某 厂	设备名称	车 床	润滑图表	设备编号
机动处	设备型号	CA6140		

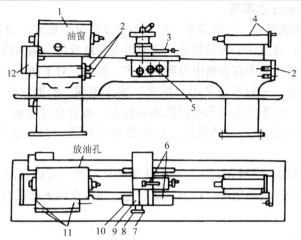

序号	润滑部位	润滑点数	润滑方式	润滑油种类	润滑周期	设备润滑 储油量	设备润滑 日耗量	润滑负责人
1	变速箱	1	齿轮激溅	L—AN46 全损耗系统用油	8 个月			润滑工
2	丝杠与光杠轴承	1	压力油壶	L—AN46 全损耗系统用油	每班一次			操作者
3	小刀架丝杠	3	压力油壶	L—AN46 全损耗系统用油	每班一次			操作者
4	尾座套筒	2	压力油壶	L—AN46 全损耗系统用油	每班一次			操作者
5	接合器轴承	4	压力油壶	L—AN46 全损耗系统用油	每班一次			操作者
6	纵向进给导轨	1	压力油壶	L—AN46 全损耗系统用油	每班一次			操作者
7	纵向进给手轮	1	压力油壶	L—AN46 全损耗系统用油	每班一次			操作者
8	横向进给丝杠	2	压力油壶	L—AN46 全损耗系统用油	每班一次			操作者
9	横向进给导轨	2	压力油壶	L—AN46 全损耗系统用油	每班一次			操作者
10	溜板箱机构	2	压力油壶	L—AN46 全损耗系统用油	每班一次			操作者
11	纵向进给丝杠		压力油壶	2 号钠基脂	一日一次			操作者
12	交换齿轮	1	压力油壶	L—AN46 全损耗系统用油	每班一次			操作者

图5-4　设备润滑图表

2）绘制图样，构成几条框线，在图样四周把注油日期或油质相同的绘制在框中，框上注明注油期，并用符号表示各注油点、油质，对符号也有简要说明。

3）用注油工具标出注油点或加油点，标明符号并集中说明。

不管采用哪种表现形式，都应正确、集中、全面；观看明显，文字简要，记忆方便；标题栏、润滑表的填写应做到有根据。

3. 编制润滑表的内容

1）润滑油品种，主要油箱、分油器等的注油程度（或用油标、油量说明）。

2）润滑点（加油点、注油点）、油标、油窗、放油孔、过滤器。

3）液压泵所在位置及润滑工具。

4）注油期、换油期和过滤器清洗期。

5）注油形式和注油工具。

6）适用本厂实际的润滑分工。

4. 编制润滑图表的注意事项

1）选择正确的图表形式。一般说来，中、小型设备以"框式"就能看出每班注一次油或多次油的那些油孔；通过几个表示符号，又能很明显地看出所用油质。因此，国内、外均以这种表现形式逐渐取代集中在表格中说明的形式。但是，对于润滑点极少，但有一部分是自动润滑的磨床等设备，一般不必采用"框式"法来表现。然而，对于自动润滑的设备仍应标注经常检查字样。由于大型机床所用的油品较多，部分也可勾起"框线"，但为了全面地说明要求，也可采取集中说明的形式。如果要表明润滑工具，也可在引线上标出简单图样。

2）选择好设备视图。润滑表大多是采用外观来显示的，所以在能表现全部润滑点的情况下，能用一个视图的，就不用两个视图，即首先取润滑点较多的视图，其他润滑点，可采取部分视图来表示。

二、设备润滑管理用表

1）设备换油卡片，见表5-9。它由润滑管理技术人员编制，润滑工记录。

表5-9　设备换油卡片

设备名称：　　　型号规格：　　资产编号：　　　制造厂：　　　所在车间：

润滑部位												
润滑油脂牌号												
消耗定额/kg												
换油周期/月												
润滑记录	日期	油量/kg	日期	油量/kg	日期	油量/kg	日期	油量/kg	日期	油量/kg	日期	油量/kg

2）月清洗换油实施计划表，见表5-10。此表由润滑管理技术人员或计划员编制，下达维修组由润滑工实施。

表5-10　月清洗换油实施计划表　　　　　年　　　月

序号	设备编号	设备名称	型号规格	储油部位	用油牌号	代用油品	换油量/kg	清洗材料		工时/h		执行人	验收签字	备注
								名称	数量	计划	实际			

3）年度设备清洗换油计划表，见表5-11。此表由润滑管理技术人员或计划员编制，下达维修组由润滑工实施。

表5-11 年度设备清洗换油计划表

车间名称： 共 页第 页

序号	设备名称	型号规格	资产编号	换油周期/月	换油计划/月												备注
					1	2	3	4	5	6	7	8	9	10	11	12	

设备动力科长： 润滑技术员： 车间机械员：

4）年、月换油台次，换油量，维护用油量统计表，见表5-12。此表按厂、车间汇总统计，其作用是提供油的总需用量，平衡年换油计划，用来作分析对比。

表5-12 年、月换油台次，换油量和维护用油量统计表

月份	换油台次		换油量/kg		维护用量/kg		用油量合计/kg		备注
	按年计划	实际	按年计划	实际	按年计划	实际	按年计划	实际	
1									
2									
3									
4									
5									
6									
7									
8									
9									
10									
11									
12									
全年									

5）润滑材料需用申请表，见表5-13。此表由润滑管理技术组或润滑管理技术人员负责汇总编制，供分厂、车间报送用油计划时使用。

表5-13　润滑材料需用申请表

申请单位　　　　　　　年度　　　　　共　页第　页

品号	油品名称	牌　号	单　位	需用量/kg					单价（元）	总金额（元）	备　注
				全年	一季	二季	三季	四季			

批准　　　　　　　审查　　　　　　　制表　　　　　　　　年　月　日

6）年、季度设备用油和回收综合统计表，见表5-14。此表是综合统计表，既可供与计划比较用，又可为编制下一年度需要计划时参考。

表5-14　年、季度设备用油和回收综合统计表　　　　　　（单位：kg）

油品名称										废油回收量	备注
牌号											
季度	一										
	二										
	三										
	四										
全年											

第五节　润滑装置的要求与防漏治漏

将润滑剂按规定要求送往各润滑点的方法称为润滑方式。为实现润滑剂按确定润滑方式供给而采用的各种零、部件及设备统称为润滑装置。

在选定润滑材料后，就需要用适当的方法和装置将润滑材料送到润滑部位，其输送、分配、检查、调节的方法及所采用的装置是设计和改善维修中保障设备可靠性和维修性的重要环节。其设计要求是：保护润滑的质量及可靠性；合适的耗油量及经济性；注意冷却作用；注意装置的标准化、通用化；合适的维护工作量等。

一、润滑方式

润滑方式是对设备润滑部位进行润滑时所采用的方法。应该说，润滑的方式是多种多样的，并且到目前为止还没有统一的分类方法。例如，有些是以供给润滑剂的种类来分类的，有些是以所采用的润滑装置来分类的，有些是按被润滑的零件来分类的，还有些是按供给的润滑剂是否连续分类的。本书仅介绍其中的一种分类方法，如图5-5所示。

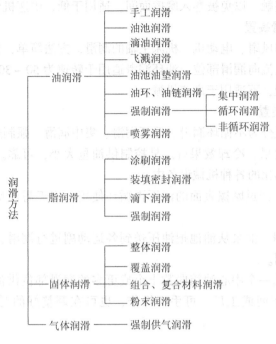

图 5-5　润滑方法分类

二、润滑装置

（一）油润滑装置

1. 手工给油润滑装置

手工给油润滑装置简单，使用方便，在需润滑的部位开个加油孔即可用油壶、油枪进行加油。一般用于低速、轻负荷的简易小型机械，如小型电动机等。

2. 滴油润滑装置

如滴油式油杯，依靠油的自重向润滑部位滴油，构造简单，使用方便，缺点是给油量不易控制，机械的振动、温度的变化和液面的高低都会改变滴油量。

3. 油池润滑装置

油池润滑是将需润滑的部件设置在密封的箱体中，使需要润滑的零件的一部分浸在油池的油中。采用油池润滑的零件有齿轮、滚动轴承和滑动式止推轴承、链轮、凸轮、钢丝绳等。油池润滑的优点是自动可靠，给油充足；缺点是油的内摩擦损失较大，且引起发热，油池中可能积聚冷凝水。

4. 飞溅润滑装置

利用高速旋转的零件或依靠附加的零件将油池中的油溅散成飞沫向摩擦部件供油。优点是结构简单可靠。

5. 油绳、油垫润滑

用油绳、毡垫或泡沫塑料等浸在油中，利用毛细管的虹吸作用进行供油。油绳和油垫本身可起到过滤的作用，能使油保持清洁而且是连续均匀的，缺点是油量不易调节，还要注意油绳不能与运动表面接触。以免被卷入摩擦面间。适用于低、中速机械。

6. 油环、油链润滑装置

只用于水平轴，如风扇、电动机、机床主轴的润滑，方法简单，依靠套在轴上的环或链把油从油池中带到轴上流向润滑部位，油环润滑适用于转速为 50 ~ 3000r/min 的水平轴。油链润滑适用于低速机械，不适用于高速机械。

7. 强制送油润滑装置

强制送油润滑装置分为不循环润滑、循环润滑、集中润滑。强制送油润滑是用泵将油压送到润滑部位，润滑效果、冷却效果好。易控制供油量大小，可靠。广泛使用于大型、重载、高速、精密、自动化的各种机械设备中。

（1）不循环润滑 经过摩擦表面的油不再循环使用，用于需油量较少的各种设备的润滑点。

（2）循环给油润滑 油泵从油池把油压送到各运动副进行润滑，经过润滑后的油回流进入机身油池循环使用。

（3）集中润滑 由一个中心油箱向数十个或更多的润滑部位供油，用于有大量润滑点的机械设备甚至整个车间或工厂。可手工操作，也可在调整好的时间自动配送适量的润滑油。

8. 喷雾润滑装置

利用压缩空气将油雾化，再经喷嘴喷射到所润滑表面。由于压缩空气和油雾一起被送到润滑部位，因此有较好的冷却效果。而且也由于压缩空气具有一定的压力可以防止摩擦表面被灰尘所污染，缺点是排出的空气中含有油雾粒子，造成污染。喷雾润滑用于高速滚动轴承及封闭的齿轮、链条等。

油润滑方式的优点是：油的流动性较好，冷却效果佳，易于过滤除去杂质，可用于所有速度范围的润滑，使用寿命较长，容易更换，油可以循环使用，但其缺点是密封比较困难。

（二）润滑脂润滑装置

（1）手工润滑装置 利用脂枪把脂从注油孔注入或者直接用手工填入润滑部位，属于压力润滑方法，用于高速运转而又不需要经常补充润滑脂的部位。

（2）滴下润滑装置 将脂装在脂杯里向润滑部位滴下润滑脂进行润滑。脂杯分为受热式和压力式。

（3）集中润滑装置 由脂泵将脂罐里的脂输送到各管道，再经分配阀将脂定时定量地分送到各润滑点去。用于润滑点很多的车间或工厂。

与润滑油相比，润滑脂的流动性、冷却效果都较差，杂质也不易除去，因此润滑脂多用于低、中速机械。

（三）固体润滑装置

固体润滑剂通常有四种类型，即整体润滑剂，覆盖膜润滑剂，组合、复合材料润滑剂和粉末润滑剂。如果固体润滑剂以粉末形式混在油或脂中，则润滑装置可采用相应的油、脂润滑装置，如果采用覆盖膜，组合、复合材料或整体零部件润滑剂，则不需要借助任何润滑装置来实现润滑作用。

（四）气体润滑装置

气体润滑一般是一种强制供气润滑系统。例如气体轴承系统，其整个润滑系统是由空气压缩机、减压阀、空气过滤器和管道等组成。

总之，在润滑工作中，对润滑方法及其装置的选择，必须从机械设备的实际情况出发，即设备的结构、摩擦副的运动形式、速度、载荷、精密程度和工作环境等条件来综合考虑。

三、漏油的治理

设备漏油的治理是设备管理及维修工作中的主要任务之一。设备漏油不仅浪费大量油料，而且污染环境、增加润滑保养工作量，严重时甚至造成设备事故而影响生产。因此，治理漏油是改善设备技术状态的重要措施之一。设备漏油的防治是一项涉及面广、技术性强的工作，尤其是近年来密封技术有了很大发展，许多密封新材料、新元件、新装置、新工艺的出现，既对漏油治理提供了条件，也对技术提出了更高的要求，所以要加强其研究和应用以及人员的配备。漏油的治理除少数可在维护保养中解决外，多数需要结合计划检修才能进行，严重泄漏设备必须预先制订好治理方案。

1. 漏油及其分级

对单台设备而言，设备无漏油的标准应达到下列要求：

1）油不得滴落到地面上，机床外部密封处不得有渗油现象（外部活动连接处虽有轻微的渗油，但不流到地面上，当天清扫时可以擦掉者，可不算渗油）。

2）机床内部允许有些渗油，但不得渗入电气箱内和传动带上。

3）切削液不得与润滑系统或工作液压系统的油液混合，也不得漏入滑动导轨面上。

4）漏油的处数，不得超过该机床可能造成漏油部位的5%。

设备漏油一般分为渗油、滴油、流油三种：

（1）渗油　对于固定连接的部位，每半小时滴一滴油者为渗油。对活动连接的部位，每5min滴一滴油者为渗油。

（2）滴油　每2~3min滴一滴油者为滴油。

（3）流油　每1min滴五滴以上者为流油。

设备漏油程度等级又分为严重漏油、漏油和轻微漏油三等。

2. 漏油防治的途径

造成漏油的因素是多方面的，有先天性的，如设计不当，加工工艺、密封件和装配工艺中的质量问题；也有后天性的，如使用中的零件，尤其是密封件失效，维修中修复或装配不当等。由于零部件结构形式多种多样，密封的部位、密封结构、元件、材料的千差万别，因此治漏的方法也就各不相同，应针对设备泄漏的因素，从预防入手，防治结合，"对症下药"进行综合性治理。治理漏油的主要途径有以下几种：

（1）封堵　封堵主要是应用密封技术来堵住界面泄漏的通道，这是最常见的泄漏防治方法。

（2）疏导　疏导的方法主要是使结合面处不积存油，设计时要设回油槽、回油孔、挡板等属疏导方法防漏。

（3）均压　存在压力差是设备泄漏的重要原因之一。因此，可以采用均压措施来防治漏油。如机床的箱体因此原因漏油时，可在箱体上部开出气孔，造成均压以防止漏油。

（4）阻尼　流体在泄漏通道中流动时，会遇到各种阻力，因此可将通道做成犬牙交错的各式沟槽，人为地加大泄漏的路程，加大液流的阻力，如果阻力和压差平衡，则可达到不漏（如迷宫油封属于此类）。

（5）抛甩　截流抛甩是许多设备上常用的方法，如减速器安装轴承处开有截油沟，使油不会沿轴向外流，有的设备上装有甩油环，利用离心力作用阻止介质沿轴向泄漏。

（6）接漏　有的部位漏油难以避免，除采用其他方法减少泄漏量外，可增设接油盘、接油杯，或流入油池，或定时清理。

（7）管理　加强漏油和治漏的管理十分重要，制定防治漏油的计划，配备必要的技术力量，将治理工作列入计划修理中，落实在岗位责任制中，在维护和修理中加强质量管理，做到合理拆卸和装配，以不致破坏配合性质和密封装置。加强设备泄漏防治工作骨干的培训工作和普及防治泄漏的知识。

四、设备治漏计划

设备管理人员和润滑管理技术人员对漏油设备要做到详细调查，对漏油部位和原因登记制表，并根据漏油的严重程度，安排治漏计划和实施方案。

治理漏油、实施治漏方案不仅是设备维修管理工作的一项任务，也是节能、降低消耗的内容之一，治漏工作应抓好查、治、管三个环节：

1）查　查看现象、寻找漏点、分析原因、制定规划、提出措施。

2）治　采用堵、封、接、修、焊、改、换等方法，针对实际问题治理漏油。

3）管　加强管理，巩固查、治效果。在加强管理上，应结合做好有关工作。比如：建立健全润滑管理制度和责任制，严格油料供应和废油回收利用制度，建立、健全合理的原始记录并做好统计工作，建立润滑站，配备专职人员，加强巡检并制定耗油标准。

一些企业在润滑管理中总结出了治理漏油的十种方法，即勤、找、改、换、缠、回、配、引、垫、焊的设备治漏十字法。

1）勤　勤查、勤问、勤治。

2）找　仔细寻找漏油部位和原因。

3）改　更改不合理的结构和装置。

4）换　及时更换失效的密封件和其他润滑元件。

5）缠　在油管接头处缠密封带，密封线等。

6）回　增加或者扩大回油孔，使回油畅通，不致外溢。

7）配　对密封圈及槽沟结合面做到正确选配。

8）引　在外溢、外漏处加装引油管、断油槽、挡油板等。

9）垫　在结合面加专用纸垫或涂密封胶。

10）焊　焊补漏油油孔、油眼。

此外，做好密封工作对防止和减少漏油也会起到积极作用。

思 考 题

5-1 什么叫设备的润滑管理？其主要内容是什么？

5-2 设备管理部门在设备润滑管理工作中的主要任务有哪些？

5-3 要认真搞好设备的润滑管理工作，应建立哪些管理制度？

5-4 设备润滑管理工作中的润滑"五定"与"三过滤"的具体内容是什么？

5-5 设备润滑管理技术人员在实施设备润滑管理工作中有哪些具体职责？

5-6 什么叫润滑？保持设备良好的润滑条件对保证设备安全、正常运转有何重要意义？

5-7 油、脂润滑方式各自的优缺点如何？

第六章

设备的状态管理

机械设备作为生产工具，在国民经济的各个部门获得了广泛的应用，随着社会化生产的迅速发展，机械设备的现代化程度和生产效率日益提高，机械设备发生故障后所造成的经济损失也越来越大。因此，如何改进设备的管理手段，完善设备的维护保养制度，提高设备完好程度，成为现代设备管理与维修的工程技术人员普遍关注的问题。机械设备状态监测与故障诊断就是为适应这一需要而产生和发展起来的。以状态为基础的维修体制，在国内通常称为状态维修或视情维修。

第一节 设备状态管理的目的与内容

一、推广设备诊断技术的意义

当代工业发展的一个重要标志就是设备的技术进步，为了最大限度地提高工业生产水平，而且，随着社会的技术进步，当代工厂的机电设备正朝着大型化、精密化、自动化、流程化、计算机化、智能化、环保化、柔性化、技术综合化和功能多样化等不同方向发展。其结果是：生产系统本身的规模变得越来越大；功能越来越全；各部分的关联越来越密切，设备组成与结构越来越复杂。这些变化对于提高生产率、降低生产成本、提高产品质量起到了积极作用。但另一方面，机械设备一旦发生故障，即造成停产、停工，尽管时间不会很大，但其造成的经济损失和社会影响可能比过去低生产水平时要大得多。因此，现代化工业对机械设备，乃至一个零件的工作可靠性，都提出了极高的要求。为确保各种机械设备的安全运行，提高其可靠性和安全运转率，就必须加强设备运行管理，进行在线工况监测，及时发现异常情况，加强对故障的早期诊断和预防。

现代化的机械设备必须采用现代化的设备管理制度。我国过去沿用的设备维修制度主要是以时间为基础的预防性定期检查，或者运转至损坏再维修。前者往往造成维修过剩、盲目维修或维修不足；后者则是被迫停机，导致生产中断，除了给连续生产的企业带来很大损失外，还潜伏着造成突发性重大设备事故的可能性。

为了最大限度地减少生产损失、降低维修费用，世界各主要工业国家都在这方面采用了很多行之有效的措施。如采用先进的诊断仪器帮助维修人员早期发现设备异常，迅速查明故障原因，预测故障影响，从而实现有计划、有针对性的按状态检修，缩短检修时间，提高检修质量，减少备件储备，提高设备维修管理水平。可见，若在我国采用设备状态监测与故障诊断技术，不仅可以减少维修费用和提高设备利用率，而且可以尽快地改变我国长期以来单凭个人经验去寻找故障的落后状况。

二、设备状态监测及诊断技术的定义

设备诊断技术是指设备的状态监测和故障诊断两个方面。

（1）设备状态监测　它是利用人的感官、简单工具或仪器，对设备工作中的温度、压力、转速、振幅、声音、工作性能的变化进行观察和测定。

随着设备的运转速度、复杂程度、连续自动化程度的提高，依靠人的感觉器官和经验进行监测越来越困难。20世纪70年代后期，人们开始应用电子、红外、数字显示等技术和先进工具仪器监测设备状态，用数字处理各种信号、给出定量信息，为分析、研究、识别和判定设备故障的诊断工作打下基础。

（2）设备故障诊断技术　在设备运行中或基本不拆卸的情况下，掌握设备运行状况，判定产生故障的原因、部位，预测、预报设备未来状态的一种技术，称为故障诊断技术。从这个定义可知，设备诊断技术不仅仅是了解设备的现状，故障及其原因，而且还要预测未来，是预防维修的基础。

三、设备诊断技术的重要作用

设备诊断技术在设备综合管理中具有重要的作用，表现在：

1）它可以监测设备状态，发现异常状况，防止突发故障和事故的发生，建立维护标准，开展预知维修和改善性维修。

2）较科学地确定设备修理间隔期和内容。

3）预测零件寿命，搞好备件生产和管理。

4）根据故障诊断信息，评价设备先天质量，为改进设备的设计、制造、安装工作和提高换代产品的质量提供依据。

四、设备诊断工作的开展

1. 设备诊断工作与设备综合管理的关系

设备诊断不仅仅是对故障的识别和鉴定，它对设备定量测定的各种信息数据的科学分析和预测，必须与设备寿命周期全过程联系起来，如果只抓住某一特定时间和环节的故障和异常，很难做出对症的诊断。要根据设备综合管理的理论把设备一生作为诊断技术应用的范围。对于设备诊断工作，不能只把一般的技术综合起来，必须发挥全系统的作用，把企业全部有关技术力量组织起来，把过去收集的数据储存起来，对故障和异常做出诊断，搞好设备一生各个环节的管理工作。

2. 设备寿命周期各阶段的诊断工作

诊断技术可用于设备一生管理的各个阶段，详见表6-1。

表6-1　设备寿命周期各阶段的诊断工作

管 理 阶 段	诊断技术的应用及效果
规划、设计制造阶段	可定量测定应力，根据异常和劣化改进设计，为提高可靠性对设备制造进行定量诊断，防止和克服潜在缺点，保证制造质量

（续）

管 理 阶 段	诊断技术的应用及效果
安装、调整试运转阶段	可定量测量安装方法、精度，减少施工误差 可进行定量的试运转，克服凭经验和定性判断带来的失误，全面掌握设计、制造及安装质量，为使用期状态监测及故障诊断、预防维修和改善维修提供科学依据
使用、维修阶段	利用各种监测装置对设备需要的部位进行检测，可迅速地查找故障并定量掌握设备应力状态、故障原因、劣化程度、发展趋向，从而采取相应措施彻底解决 根据诊断，正确确定修理范围和方法，检查修理质量，发现人为故障并排除，提高工作效率 依据劣化趋势范围和程度，预测和确定检查修理周期、修理类别，制订修理改造计划，计算备件定额，确定制造、订货周期等
老化、更新报废阶段	可以定量地测定设备性能、强度、劣化的实际状况，因此可正确地确定更新、报废的设备和时间

3. 设备诊断工作开展步骤

设备状态监测与诊断工作正在我国各大中型企业中逐步开展起来，由于企业生产性质、工艺流程特点，设备管理的水平和技术力量配备的不同，这一工作发展尚不平衡，开展的规模和程序也各不相同，为了更有效地开展这项工作，现把开展诊断工作的步骤加以归纳如下：

1）全面搞清企业生产设备的状况。包括性能、结构、工作能力、工作条件、使用状态、重要程度等。

2）确定全厂需要监测和诊断的设备：如重点关键设备，故障停机对生产影响大、损失大的设备。根据急需程度和人力物力条件，先在少数机台上试点，总结经验后，逐渐推广。

3）确定需监测设备的监测点、测定参数和基准值，及监测周期（连续、间断、间隔时间，如一月、一周、一日等）。

4）根据监测及诊断的内容，确定监测方式与结构，选择合适的方法和仪器。

5）建立组织机构和人工、电脑系统、制定记录表报、管理程序及责任制等。

6）培训人员，使操作人员及专门人员不同程度地了解设备性能、结构、监测技术、故障分析及信号处理技术，监测仪器的使用、维护保养等。

7）不断总结开展状态监测、故障诊断工作的实践经验，巩固成果，摸索各类零部件的故障规律、机理。进行可靠性、维修性研究，为设计部门提高可靠性、维修性设计，不断提高我国技术装备素质，提供科学依据；为不断提高设备诊断技术水平和拓宽其应用范围提供依据。

五、设备诊断技术的发展

随着企业中设备现代化水平大幅度提高，向大型化、连续化、高速化、自动化、电子化迅速发展，使设备的效率和效益均大大增长，设备本身也愈发昂贵，一旦发生故障或事故，会造成极大的直接和间接损失。因此，在运行中保持设备的完好状态，监测故障征兆的发生与发展，诊断故障的原因、部位、危险程度，采取措施防止和控制突发故障和事故的出现，已成为设备管理的主要课题之一。

20世纪70年代以来,世界上发达国家都在工业领域中大力发展设备诊断技术,使设备处于最佳状态并发挥其最大效能。近年来,我国各行业也在大力推行设备状态监测与故障诊断,特别是化工、石油化工、冶金等行业已取得初步成效,目前正在积极开发状态监测软件,朝着更加广泛、深入的方向发展。

第二节 设备的检查

一、设备的检查及其分类

设备的检查就是对其运行情况、工作性能、磨损程度进行检查和校验,通过检查可以全面掌握设备技术状况的变化、劣化程度和磨损情况,针对检查发现的问题,改进设备维修工作,提高维修质量和缩短维修时间。

1. 按检查时间的间隔分类

(1)日常检查 日常检查是操作工人每天对设备进行的检查。

(2)定期检查 定期检查是在操作工人参加下,由专职维修工人按计划定期对设备进行的检查。定期检查的周期已作规定的按规定进行,未作规定的,一般每季度检查一次,最少半年检查一次。

2. 按技术功能分类

(1)机能检查 机能检查是对设备的各项机能的检查和测定,如检查是否漏油、防尘密封性以及零件耐高温、高压、高速的性能等。

(2)精度检查 精度检查是对设备的实际加工精度进行检查和测定,以便确定设备精度的劣化程度。这也是一种计划检查,由维修人员或设备检查员进行,主要是检查设备的精度情况,作为精度调整的依据,有些企业在精度检查中,测定精度指数,作为制定设备大修、项修、更新、改造的依据。

二、设备的点检

为了准确地掌握设备运行状况和劣化损失程度,及时消除隐患,保持设备完好性能,因而应对设备运行中对影响设备正常运行的一些关键部位实行管理制度化、操作技术规范化的检查维护工作,称为设备点检。

设备点检中所指的"点",是指设备的关键部位。通过检查这些"点",就能及时、准确地获得设备技术状况的信息,这就是"点检"的基本含义。

开展以点检为基础,以状态监测为手段的预知维修是设备维修方式改革的方向。在设备使用阶段,维修管理是设备管理的主要内容,为了克服预定周期修理的弊端,应采取状态维修,而状态维修的基础是对设备进行检查,掌握设备状态,为维修工作提供依据。

1. 设备的点检及其分类

设备点检包括日常点检、定期点检和专项点检三类。

检查项目一般是针对设备上影响产品产量、质量、成本、安全和设备正常运行部位进行点检, 开展点检工作, 首先要制定点检标准书和点检卡。

点检标准书应列出需要点检的项目、部位、周期、方法、工具仪器、判断标准、处理意见等, 作为开展日常点检和定期点检的总依据。

设备点检卡: 它是根据点检标准书制订的一种检查记录卡, 检查人员按规定的检查部位、内容、方法和时间进行点检, 并用简单的符号记入点检卡, 为分析设备状态和预防维修提供依据。

(1) 日常点检　日常点检是由操作工人进行的, 主要是利用感官检查设备状态, 并按表6-2中规定的符号记录下来正常或异常, 当发现异常现象后, 经过简单调整、修理可以解决的, 由操作工人自行处理, 当操作工人不能处理时, 由巡回检查的维修工人及时反映给专业维修人员修理, 排除故障, 有些不影响生产正常进行的缺陷劣化问题, 待定期修理时解决。

(2) 定期点检　定期点检是一种计划检查, 由维修人员或设备检查员进行, 除利用感官外, 还要采用一些专用测量仪器。点检周期要与生产计划协调, 并根据以往维修记录、生产情况、设备实际状态和经验修改点检周期, 使其更加趋于合理。定期点检中发现问题, 可以处理的应立即处理, 不能处理的可列入计划预修或改造计划内。

(3) 专项点检　专项点检一般由专职维修人员 (含工程技术人员) 针对某些特定的项目, 如设备的精度、某项或某些功能参数等进行定期或不定期检查测定, 目的是了解设备的技术性能、专业性能, 通常要使用专用工具和专业仪器设备。

2. 点检的主要工作

虽然设备点检的内容因设备种类和工作条件的不同而差别较大, 但设备的点检都必须认真做好以下几个环节的工作:

1) 确定检查点。一般将设备的关键部位和薄弱环节列为检查点。尽可能选择设备振动的敏感点; 离设备核心部位最近的关键点和容易产生劣化现象的易损点。

2) 确定点检项目, 就是确定各检查部位 (点) 的检查内容。

3) 制定点检的判定标准。根据制造厂家提供的技术和实践经验制定各检查项目的技术状态是否正常的判定标准。

4) 确定检查周期。根据检查点在维持生产或安全方面的重要性和生产工艺的特点, 并结合设备的维修经验, 制订点检周期。

5) 确定点检的方法和条件。根据点检的要求, 确定各检查项目所采用的方法和作业条件。

6) 确定检查人员。确定各类点检 (如日常点检、定期点检、专项点检) 的负责人员, 确定各种检查的负责人。

7) 编制点检表。将各检查点、检查项目、检查周期、检查方法、检查判定标准以及规定的记录符号等制成固定表格, 供点检人员检查时使用。

8) 做好点检记录和分析。点检记录是分析设备状况、建立设备技术档案、编制设备检修计划的原始资料。

9) 做好点检的管理工作, 形成一个严密的设备点检管理网。

10) 做好点检人员的培训工作。

表6-2　日常点检卡

| 设备名称 | 卧式车床 | 设备型号 | CA6140 | 设备编号 | | 使用车间 | | 操作者 | | 年　日 |

序号	点检部位及内容	点检日期及记录
		1 2 3 4 5 6 7 8 9 10 11 12 13 14 15 16 17 18 19 20 21 22 23 24 25 26 27 28 29 30 31
1	机床各部分运转是否正常，有无杂音	
2	电动机运转是否正常，带传动有无损坏，紧度是否合适	
3	各变速手柄是否灵活，定位是否准确，可靠	
4	各电气开关、按钮是否灵活，可靠	
5	各导轨面是否清洁，有无研伤、拉伤、碰伤	
6	刀架转动是否灵活，定位是否可靠	
7	进给丝杠螺母、尾架套筒间隙是否正常	
8	丝杠、光杠、开关杆是否灵活，有无跳动和窜动	
9	各润滑点是否缺油，油窗是否清晰，油路是否畅通	
10	冷却系统是否齐全，有无漏损	
11	各箱体是否漏油	
12	防护罩、挡屑板、护板是否齐全、牢固、清洁	
13	冷却系统是否完好	
14	机床附件是否完好并妥善安排好	
15	机床照明齐全、完好	

记录符号：完好√，异常△，当场修好○，待修×

注：各项检查内容根据实情按规定日检或周检

第三节　设备的状态监测

一、设备状态监测的种类

设备状态监测分为主观监测和客观监测两种，在这两种方法中均包括停机监测和不停机监测（又称在线监测），如图6-1 所示。

1. 主观状态监测

主观状态监测是以经验为主，通过人的感觉器官直接观察设备现象，是凭经验主观判断设备状态的一种监测方法。

生产第一线的维修人员，特别是操作人员对机床设备的性能、特点最为熟悉，对设备故障征兆和现象，他们通过自己的感官可以看到、听到、闻到和摸到。管理人员应及时到生产现场了解、询问设备异常症状，并亲自去观察、分析和判断，即根据设备异常症状，从设备的先天素质、工艺过程、产品质量、机床磨损老化情况，维修状况及水平，操作者技术水平及环境因素等诸多方面综合分析，做出正确判断，防止突发故障和事故的发生。

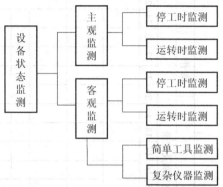

图6-1　设备状态监测的种类

主观监测的经验是在长期的生产活动中积累起来的，在各行各业中人们对不同特点和不同功能的设备、装置都掌握了许多既可靠又简而易行的人工监测的好经验、好方法。

在我国有大量的主观监测经验和信息掌握在广大操作、维修和管理人员手中，积极地收集和组织整理这些经验和方法并编成资料这将是极其有意义的工作。实践证明，有价值的经验是不可忽视的物质财富，不仅对进一步更有效地、更经济地开展主观监测活动有利，而且可以用来培训操作和维修人员提高技术业务能力。

2. 客观状态监测

客观状态监测是利用各种简单工具、复杂仪器对设备的状态进行监测的一种监测方法。

由于设备现代化程度的提高，依靠人的感觉器官凭经验来监测设备状态愈发困难，近年来出现了许多专业性较强的监测仪器，如电子听诊器、振动脉冲测量仪、红外热像仪、铁谱分析仪、闪频仪、轴承检测仪等。由于高级监测仪器价格比较昂贵，除在对生产影响极大的关键设备上使用外，一般采用简单工具和仪器进行监测。

简单的监测工具和仪器很多，如千分尺、千分表、塞尺、温度计、内表面检查镜、测振仪等，用这些工具和仪器直接接触监测物体表面，直接获得磨损、变形、间隙、温度、振动、损伤等异常现象的信息。

二、设备状态监测的方法及应用

根据不同的检测项目采用不同的方法和仪器，见表6-3。

表6-3　状态监测内容与技术

内　　容	监测技术	应　　用
直接监测	1. 通过人的感官，直接观察，根据经验判断状态 2. 借用简单工具、仪器，如千分表、水准仪、光学仪、表面检查仪等	需要有丰富的经验，目前在企业中仍被广泛采用
温度监测	接触型：采用温度计、热电偶、测温贴片、测温笔、热敏涂料直接接触物体表面进行测量 非接触型：采用较先进的红外点温仪和红外热像仪、红外扫描仪等遥控检测不易接近的炉窑等	用于设备运行中发热异常的检测
振动检测、噪声检测	可采用固定式监测设备进行连续监测或采用便携式的仪器监测 冲击脉冲法制造的各种小型测量仪、脉冲测量仪、测振仪 噪声计量计、声级计测量噪声从而判断工作机件的磨损和故障	振动和噪声是应用最多的诊断信息。先是强度测定，确认有异常时再作定量分析。如：振动量级、频率和模式等
油液分析	铁谱分析仪（用于有磁性的零件）、光谱分析仪等	用以监测零件磨损，磨损微粒可在润滑油中找到，检查和分析油液中的残余物形状、大小、成分，判断磨损状态机理和严重程度，有效掌握零件磨损状况
泄漏检测	简易检测法：用肥皂水、氨水测一般管道、氯气管道的泄漏 仪器检测：氧气浓度计、超声泄漏探测仪等	泄漏消耗能源、污染环境，由泄漏可能导致二次爆炸事故。要求用较灵敏仪器帮有经验操作人员去检查管道上微小泄漏点
裂纹检测	渗透液检查、磁性无损检测法（磁性材料）、超声波法、电阻法。X射线法检测可查大面积裂伤。声发射技术、涡流检测法可查裂缝、硬度及杂质	疲劳裂缝可导致重大事故，测量不同性质材料的裂纹，应采用不同的方法
腐蚀监测	腐蚀检查仪	

三、设备状态监测工作的开展

1. 设备的检查

它是侧重于利用管理职能制定规章制度以及各种报表等，针对设备上影响产品质量、产量、成本、安全和设备正常运转的部位进行日常点检、定期检查和精度检查等，及时发现设备异常，进行调整、换件或抢修，以维持正常的生产，或将不能及时处理的精度降低，功能降低和局部劣化等信息记录下来，作为修理计划的制订和设备更新改造的依据。

2. 设备状态监测

前述的设备日常检查和定期检查，均为企业了解设备在生产过程中状态的、行之有效的作业方法，多年来为企业所采用。然而这种检查有一定的局限性，它并不能定量地测出设备各种参数，确切反映故障征兆、隐患部位、严重程度及发展趋势。因此许多企业在主要生产设备（关键设备）上，采用现代管理手段状态监测及诊断技术预防故障、事故并为预知维修提供依据。

　　开展状态监测和诊断工作，首先要研究企业生产情况、设备组成结构，实际需要、技术力量、财力资源及管理基础工作等，从获得技术经济效果最佳出发，经分析、研究来确定需进行状态监测的设备，列出明细表（表6-4）。其次是培训专职技术人员，合理选择工具、仪器和方法，经试验后付诸实施。实施中，要责任到人，编制出每台设备的"状态监测登记表"（表6-5）。表中列出监测内容、手段、结果等，负责人员按规定时间进行监测或由装于"在线监测系统"上的记录仪器收集状态信息，监测信息汇总后，供诊断故障，开展预知维修提供依据。

表6-4　全厂精大稀关键设备状态监测明细表

| 序号 | 设备 | | | | 国别 | 类/级 | 使用单位 | 监测方法 | | | 监测期 | | 备　注 |
	名称	编号	型号	投产年				点检	简易诊断	仪器测试	月	日	

表6-5　卧式镗床状态监测登记表　　　　　　　　日期

设备编号		设备型号		开始使用年		使用单位		监测人员	
项目	监测内容	监测要求		监测方法与仪器		监测结果		备　注	
1	机床外部表面	无黄袍，无水、油泄漏		目　测				及时擦净处理	
2	检查各导轨滑动面	无锈，无拉伤，润滑良好		目　测				及时处理及润滑	
3	检查螺钉各操作手柄	无缺件，可靠、灵活		目　测					
4	主轴箱、变速箱	无明显冲击和噪声		可听或用电子听诊器					
5	主轴轴承温度	<70℃		手摸或用点温计测定					
6	主轴箱升降丝杠间隙	正反间隙 $<\frac{1}{8}t$		目测或计算					
7	各限位安全防护装置	齐全、完好、可靠		目　测					
8	各变速箱油标、油杯	在规定的刻线内		目　测					
9	主电动机工作数据	电流 I、三相平衡 绝缘 $<0.5M\Omega$ 电刷火花均匀 电刷长度 $\geq5mm$		钳形表 兆欧表500V 目　测 目　测				非直流无级变速电动机监测电流 I 和绝缘	
10	主电动机轴承工作状态 轴承型号 内径=　转速=			使用： 冲击脉冲计或冲击脉动仪					

目前设备状态监测的发展趋势是从人工检查逐步实施人、机检查，将设备监测仪器与计算机结合，计算机接受监测信号后，可定时显示或打印输出设备的状态参数（如温度、压力、振动等），并控制这些参数不超出规定的范围，保持设备正常运转和生产的正常进行。以点检为基础，以状态监测为手段，利用计算机迅速、准确、程序控制等功能，实现设备的在线监测将给企业带来极大的经济效益。

3. 设备的在线监测

积极开展设备状态监测和故障诊断工作搞好设备综合管理，不仅要大力进行宣传和推广这方面的工作经验、培训专业技术人才，组织专业队伍，而且要积极开发设备在线监测软件和新的状态监测项目，不断适应现代化大生产的管理需要。

化工、石油、冶金等领域的企业由于生产工艺连续，成套装置流水作业，要求设备可靠性高，故率先广泛应用设备诊断技术，特别是设备在线监测方法，以确保生产顺利进行。对机械、电子、纺织、航空及其他轻工业企业，正在逐步将设备诊断技术用于其他机械设备和动力装置上，特别是用于发电机组、锅炉、空气压缩机等动力发生装置上，采用电子计算机控制的在线监测，以保证设备正常运转，能源供应和安全生产。图 6-2、图 6-3 是两种计算机控制在线监测示意图。

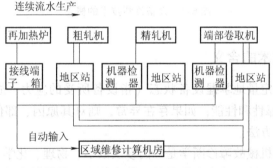

图 6-2 热轧带钢设备状态监测示意图

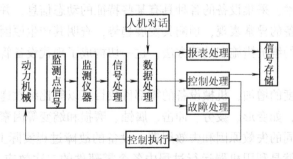

图 6-3 机械动力设备状态监测示意图

第四节 故障诊断技术

设备在某一时刻的状态，不单单是指完好或故障，而是包含三个内容：①设备所承受的各种应力。②设备故障及劣化。③设备强度及性能。设备诊断就是对上述内容的定量掌握并做出诊断，预测设备的可靠性或对故障部位、原因、程度进行识别和评价，并确定故障的修复方法，如图6-4所示。

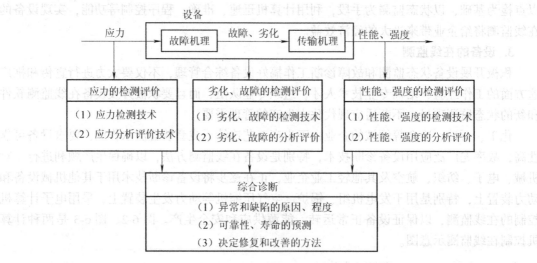

图6-4　设备诊断技术的概念

一、设备诊断技术的含义

设备诊断技术就是定量地掌握设备状态（指设备所受的应力、故障和劣化、强度和性能等）；预测设备的可靠性和性能；如果存在异常，则对其原因、部位、危险程度等进行识别和评价，决定其修正方法。

设备诊断技术——机械故障诊断学是一门涉及数学、物理、化学、力学、声学、电子技术、机械、传感技术、计算机技术和信号处理技术等多学科的综合性学科。它依靠先进的传感技术与在线检测技术，采集设备的各种具有某些特征的动态信息，并对这些信息进行各种分析和处理，确认设备的异常表现，预测其发展趋势，查明其产生原因、发生的部位和严重的程度，提出针对性的维护措施和处理方法，这一切构成了现代设备管理制度——按状态维修的方法。

随着设备复杂程度的增加，机械设备的零部件数目正以等比级数递增。各种零部件受力状态和运行状态不同，如变形、疲劳、冲击、腐蚀、磨损和蠕变等因素以及它们之间相互作用，各零部件具有不同的失效原因和失效周期。设备的故障过程实际上是零部件失效过程。机械故障诊断实质上就是利用机器运行过程中各个零部件的二次效应（如由磨损后增大的间隙所造成的振动），由现象判断本质，由局部推测整体，由当前预测未来。它是以机械为对象的行为科学，其最终目的就是力图发挥出设备寿命周期的最大效益。目前，国内外应用于机械设备故障诊断技术方面的检测、分析和诊断的主要方法有：

1）振动和噪声诊断法。

2）磨损残留物、泄漏物诊断法。

3）温度、压力、流量和功率变化诊断法。

4）应变、裂纹及声发射诊断法。

实行按状态维修必须根据不同机器的特点，选择恰当的诊断方法。一般来说，应以一种方法为主，逐步积累原始数据和实践经验。国内外应用最广泛的是振动和噪声诊断法。

二、设备诊断技术的基本系统

设备诊断技术按诊断方法的完善程度可分为简易诊断技术和精密诊断技术。如图 6-5 所示。

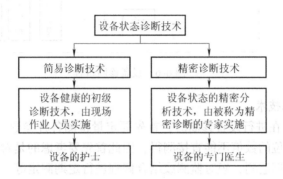

图6-5 设备诊断技术的基本系统

1. 简易诊断技术

简易诊断技术就是使用各种便携式诊断仪器和工况监视仪表，仅对设备有无故障及故障严重程度作出判断和区分。它可以宏观地、高效率地诊断出众多设备有无异常，因而费用较低。所以，简易诊断技术是诊断设备"健康"状况的初级技术，主要由现场作业人员实施。为了能对设备的状态迅速有效地做出概括的评价，简易诊断技术应具备以下的功能：

1）设备所受应力的趋向控制和异常应力的检测。

2）设备的劣化、故障的趋向控制和早期发现。

3）设备的性能、效率的趋向控制和异常检测。

4）设备的监测与保护。

5）指出有问题的设备。

2. 精密诊断技术

精密诊断技术就是使用较复杂的诊断设备及分析仪器，除了能对设备有无故障及故障的严重程度作出判断及区分外，在有经验的工程技术人员参与下，还能对某些特殊类型的典型故障的性质、类别、部位、原因及发展趋势做出判断及预报。它的费用较高，由专业技术人员实施。

精密诊断技术的目标，就是对简易诊断技术判定为"大概有点异常"的设备进行专门的精确诊断，以决定采取哪些必要措施。所以，它应具备以下的功能：①确定异常的形式和种类。②了解异常的原因。③了解危险程度，预测发展趋势。④了解改善设备状态的方法。

三、获得诊断信息的方法

对设备进行状态监测和故障诊断，首先要获取诊断的信息，一般方法列于表6-3。

四、设备诊断过程及基本技术

1. 设备诊断过程

设备诊断过程如图6-6所示。

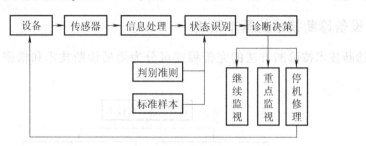

图6-6   设备诊断过程

2. 设备诊断基本技术

（1）检测技术   在进行设备诊断时，首先要定量检测各种参数。有些数值可直接测得，也有许多应该检测部位的数值不能直接测得，因此首先要考虑的是对各种不同的参数值如何监测。哪些项目需长期监测、短时监测或结合修理进行定期测定等。一般对于不需长期监测的量可采取定期停机测定并修理；对不能直接测到的数据可转换为与之密切相关的数据进行检测。尽量采用在运转过程中不拆卸零、部件的情况下进行检测。在达到同样效果的情况下，尽量选择最少的参数进行检测。

根据设备的性质与要求，正确地应用与选择传感器也是很重要的问题。有些参数的取得，不需要传感器，例如测定表面温度。而有些参数不仅需要传感器，而且要连续监测。要恰当地选择传感器装置以获取与设备状态有关的诊断信息。

（2）信号处理技术   信息是诊断设备状态的依据，如果获取的信号直接反映设备状态，则与正常状态的规定值相比较即可得出设备处于某种状态的结论。但有些信号却伴有干扰，如声波、振动信号等，故需要滤波。通过数据压缩，形式变换等处理，正确的提取与设备状态和故障有关的征兆特征量，即为信号处理技术。

（3）识别技术   根据特征量识别设备的状态和故障，先要建立判别函数，确定判别的标准，然后再将输入的特征量与设备历史资料和标准样本比较从而获得设备的状态或故障的类型、部位、性质、原因和发展趋势等结论性意见。

（4）预测技术   预测技术就是预测故障将经过怎样的发展过程，何时达以危险的程度，推断设备的可靠性及寿命期。

（5）振动和噪声诊断技术   振动和噪声诊断方法，就是通过对机器设备表面部件的振动和噪声的测量与分析，通过运用各种仪器对运转中机械设备的振动和噪声现象进行监测，以防范因振动对各种运转设备产生的不良影响。监视设备内部的运行状况并进而预测判断机器设备的“健康”状态。它在不停机的情况下监测机械振动状况，采集和分析振动信号，判断设备状态，从而搞好预防维修，防止故障和事故的发生。正由于振动的广泛性、参数的多维性、测振技术的遥感性和实用性，决定了人们将振动监测与诊断列为设备诊断技术的最重要的手段。它的方便性、在线性和无损性使它的应用越来越广泛。

（6）润滑油磨粒检测技术　磨料监测的技术方法有铁谱分析技术、光谱分析技术和磁塞分析法，以及过滤分析法等。在故障诊断中，应用最多的是铁谱分析技术。

铁谱分析技术，也称"铁相学"或"铁屑技术"。它是通过分析润滑油中的铁磁磨粒判断设备故障的技术。其工作过程为：带有铁磁性磨粒的润滑油，流过一个高强度、高磁场梯度的磁场时，利用磁场力使铁磁性磨粒从润滑油中分离出来，并且按照磨粒颗粒的大小，沉积在玻璃基片上制成铁谱基片（简称谱片），通过观察磨粒的形状和材质，判断磨粒产生的原因，通过检测磨料的数量和分布，判断设备磨损程度。

（7）无损检测技术　无损检测是指在不损伤物体构件的前提下，借助于各种检测方法，了解物体构件的内部结构和材质状态的方法。无损检测技术包括超声波检测、射线检测、磁粉检测、渗透检测以及声发射检测方法。在工业生产和故障诊断中目前应用最为广泛的就是超声波检测技术。

所谓超声波检测法是指由电振荡在探头中激发高频声波，高频声波入射到构件后若遇到缺陷，会反射、散射、衰减，再经探头接受转换为电信号，进而放大显示，根据波形确定缺陷的部位、大小和性质，并根据相应的标准或规范判定缺陷的危害程度的方法。

（8）温度监测技术　温度监测技术是利用红外技术等温度测量的方法，检测温度变化，对机械设备上某部分的发热状态进行监测，发现设备异常征兆，从而判断设备的运行状态和故障程度的技术。其中红外监测技术是非接触式的，具有测量速度快、灵敏度高、范围广、远距离、动态测量等特点，在高低压电器、化工、热工、工业窑炉以及电子设备工作状态监测和运行故障的诊断中，比其他诊断技术，有着不可替代的优势。在机械设备故障诊断中，温度监测也可作为其他诊断方法的补充，在工业领域中被广泛应用。

思 考 题

6-1　研究与发展设备状态监测与故障诊断技术的意义是什么？

6-2　设备状态监测与故障诊断的基本原理是什么？

6-3　什么叫简易诊断？什么叫精密诊断？

6-4　什么叫设备的点检制度？它的基本含义是什么？

6-5　认真贯彻设备点检制度一般应注意哪几个环节的工作？

6-6　结合企业状况考虑如何开展状态监测与故障诊断工作。

6-7　设备故障诊断常见的诊断方法有哪些？

6-8　设备状态监测的内容与方法有哪些？

6-9　列举几项人工监测的方法和经验。

第七章

设备的修理

设备修理是设备使用期管理的主要内容之一。设备在使用过程中，零部件会逐渐发生磨损、变形、断裂、锈蚀等现象。设备的修理就是对技术状态变化时发生故障的设备通过更换或修复磨损失效的零件，对整机或局部进行拆装、调整的技术活动，其目的是恢复设备的功能或精度，保持设备的完好。换言之，设备修理是设备技术状态劣化到某一临界状态时，为恢复其功能而进行的技术活动。

设备的修理，必须贯彻预防为主的方针，根据企业的生产性质、设备特点及设备在生产中所起的作用，选择适当的维修方式。采取日常检查、定期检查、状态监测和诊断等各种手段，切实掌握设备的技术状态，加强修理的计划性，充分做好修前的技术及生产准备工作。修理中，应积极采用新工艺、新技术、新材料和现代科学方法，以保证修理质量、缩短停歇时间和降低修理费用。同时，结合修理进行必要的改善维修，提高设备的可靠性、维修性，充分发挥设备的效能。

修理效益好像如图7-1所示的一座冰山，浮在水面上的修理费用容易被人们看见；但由于修理管理不善所造成的各种损失（淹没在水里部分）往往易被人们忽视。

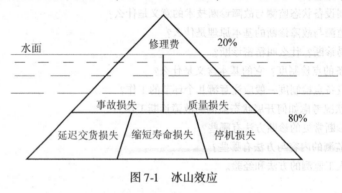

图7-1　冰山效应

第一节　维修方式与修理类别

设备维修是为了保持和恢复设备完成规定功能的能力而采取的技术活动，包括维护和修理。

一、设备维修方式

设备维修方式具有维修策略的含义。现代设备管理强调对各类设备采用不同的维修方式，就是强调设备维修应遵循设备物质运动的客观规律，在保证生产的前提下，合理利用维修资源，达到寿命周期费用最经济的目的。

（一）事后维修

事后维修就是对一些生产设备，不将其列入预防维修计划，发生故障后或性能、精度降低到不能满足生产要求时再进行修理。采用事后维修策略（即坏了再修）可以发挥主要零件的最大寿命，使维修经济性好。事后维修作为一种维修策略，不同于原始落后的事后修理。事后维修不适用于对生产影响较大的设备，一般适用范围有：

1）对故障停机后再修理不会给生产造成损失的设备。

2）修理技术不复杂而又能及时提供备件的设备。

3）一些利用率低或有备用的设备。

（二）预防维修

为了防止设备性能、精度劣化或为了降低故障率，按事先规定的修理计划和技术要求进行的维修活动，称为预防维修。对重点设备和重要设备实行预防维修，是贯彻设备管理条例规定的"预防为主"方针的重要工作。预防维修主要有以下几种维修方式。

1. 定期维修

定期维修是在规定时间的基础上执行的预防维修活动，具有周期性特点。它是根据零件的失效规律，事先规定修理间隔期、修理类别、修理内容和修理工作量。苏联的计划预修制度是定期维修的典型形式。它主要适用于已掌握设备磨损规律且生产稳定、连续生产的流程式生产设备、动力设备，大量生产的流水作业和自动线上的主要设备以及其他可以统计开动台时的设备。

我国目前实行的设备定期维修制度主要有计划预防维修制和计划保修制两种。

（1）计划预防维修制　简称计划预修制。它是根据设备的磨损规律，按预定修理周期及其结构对设备进行维护、检查和修理，以保证设备经常处于良好的技术状态的一种设备维修制度。其主要特征如下：

1）按规定要求，对设备进行日常清扫、检查、润滑、紧固和调整等，以延缓设备的磨损，保证设备正常运行。

2）按规定的日程表对设备的运动状态、性能和磨损程度等进行定期检查和调整，以便及时消除设备隐患，掌握设备技术状态的变化情况，为设备定期修理做好物质准备。

3）有计划有准备地对设备进行预防性修理。

（2）计划保修制　又称保养修理制。它是把维护保养和计划检修结合起来的一种修理制度，其主要特点是：

1）根据设备的特点和状况，按照设备运转小时（产量和里程）等，规定不同的维修保养类别和间隔期。

2）在保养的基础上制定设备不同的修理类别和修理周期。

3）当设备运转到规定时限时，不论其技术状态如何，也不考虑生产任务的轻重，都要严格地按要求进行检查、保养和计划修理。

2. 状态监测维修

这是一种以设备技术状态为基础，按实际需要进行修理的预防维修方式。它是在状态监测和技术诊断基础上，掌握设备劣化发展情况，在高度预知的情况下，适时安排预防性修理，又称预知的维修。

这种维修方式的基础是将各种检查、维护、使用和修理，尤其是诊断和监测提供的大量信息，通过统计分析，正确判断设备的劣化程度、发生（或将要发生）故障的部位、技术状态的发展趋势，从而采取正确的维修类别。这样能充分掌握维修活动的主动权，做好修前准备，并且可以和生产计划协调安排，既能提高设备的可利用率，又能充分发挥零件的最大寿命。因受到诊断技术发展的限制，它主要适用于重点设备，利用率高的精、大、稀类设备等，即值得花诊断与监测费用，以使设备故障后果影响最小和避免盲目安排检修。它是今后企业设备维修的发展方向，正如《设备管理条例》指出的"企业应当积极地采取以状态监测为基础的设备维修方式"。

（三）改善维修

为消除设备先天性缺陷或频发故障，对设备局部结构和零件设计加以改进，结合修理进行改装以提高其可靠性和维修性的措施，称为改善维修。

设备的改善维修与技术改造的概念是不同的，主要区别为：前者的目的在于改善和提高局部零件（部件）的可靠性和维修性，从而降低设备的故障率和减少维修时间和费用；而后者的目的在于局部补偿设备的无形磨损，从而提高设备的性能和精度。

二、修理类别

预防维修的修理类别有大修、中修、项修、小修等。

1. 大修

设备大修是工作量最大的一种计划修理。它是因设备基准零件磨损严重，主要精度、性能大部分丧失，必须经过全面修理，才能恢复其效能时使用的一种修理形式。设备大修需对设备进行全部解体，修理基准件，更换或修复磨损件；全部研刮和磨削导轨面；修理、调整设备的电气系统；修复设备的附件以及翻新外观等，从而全面消除修前存在的缺陷，恢复设备的规定精度和性能。为了补偿设备的无形磨损，还应结合大修理，采用新技术、新工艺、新材料进行改造、改进和改装，提高设备效能。

2. 中修

中修的工作量介于大修与小修之间，对中修的要求比大修低。我国在中修执行中普遍反映"中修除不喷漆外，与大修难以区分"。因此，许多企业已取消了中修类别。

3. 项修

项目修理（简称项修）是对设备精度、性能的劣化缺陷进行针对性的局部修理。项修时，一般要进行局部拆卸、检查，更换或修复失效的零件，必要时对基准件进行局部修理和修正坐标，从而恢复所修部分的性能和精度。项修的工作量视实际情况而定。

项修是在总结我国过去实行设备计划预修制正反两方面经验的基础上，随着状态检测维修的推广应用，在实践中不断改革而产生的。在实行计划预修制中，往往忽视具体设备的出厂质量、使用条件、负荷率、维护优劣等情况的差异，而按照统一的修理周期结构及其修理间隔期安排计划修理，因而产生以下两种弊病：一是设备的某些部件技术状态尚好，却到期安排了中修或大修，造成过剩修理；二是设备的技术状态劣化已难以满足生产工艺要求，因未到修理期而没有安排计划修理，造成失修。采用项修可以避免上述弊病，并可缩短停修时间和降低修理费用。特别是对单一关键设备、流水线生产的专用设备，可以利用生产间隙时间（节、假日）进行修理，从而保证生产的正常进行。

4. 小修

设备的小修是维修工作量最小的一种计划修理。对于实行状态（监测）维修的设备，小修的工作内容主要是针对日常点检和定期检查发现的问题，拆卸有关的零部件进行检查、调整、更换或修换失效的零件，以恢复设备的正常功能；对于实行定期维修的设备，小修的内容主要是根据掌握的磨损规律，更换或修复在修理间隔期内失效或即将失效的零件，并进行调整，以保证设备的正常工作能力。

5. 定期精度调整

定期精度调整是对精、大、稀机床的几何精度进行定期调整，使其达到（或接近）规定标准。精度调整的周期一般为 1~2 年。调整时间适宜安排在气温变化较小的季节。实行定期精度调整，有利于保持机床精度的稳定性，以保证产品质量。

6. 定期预防性试验

对动力设备、压力容器、电气设备、起重运输设备等安全性要求较高的设备，由专业人员按规定期限和规定要求进行试验，如对耐压、绝缘、电阻、接地、安全装置、指示仪表、负荷、限制器、制动器等的试验。通过实验可以及时发现问题，消除隐患或安排修理。

三、修理周期和修理周期结构

设备修理周期与修理结构是建立在设备磨损与摩擦理论基础上的，是指导计划修理的基础。

1. 修理周期（T）

修理周期对已在使用的设备来说，是指两次相邻大修理之间的间隔时间；对新设备来说，是指开始用到第一次大修理之间的间隔时间（单位：月或年）。

2. 修理间隔期

修理间隔期指两次相邻计划修理之间的工作时间（单位：月）。确定修理间隔期须遵循"使设备计划外停机时间达到最低限度"的原则。

3. 修理周期结构

修理周期结构指在一个修理周期内应采取的各种修理方式的次数和排列顺序。例如：某中小型金属切削机床的修理类别顺序为 M－M－C－M－M－K（M 表示小修，C 表示中修，K 表示大修），以开动台时计算的大修理间隔期为 34300h。各企业在实行计划修理中，应根据自己的生产、设备特点，确定各种修理形式的排列顺序，既要符合设备的实际需要，又要研究其修理的经济性。

第二节 修理计划的编制

设备修理计划是建立在设备运行理论和工作实践的基础之上，计划的编制要准确、真实地反映生产与设备相互关联的运动规律。因为它不仅是企业生产经营计划的重要组成部分，而且也是企业设备维修组织与管理的依据。计划项目编制得正确与否，主要取决于采用的依据是否较为确切，是否科学地掌握了设备真实的技术状态及变化规律。

设备修理计划必须同生产计划同时下达、同时考核。设备修理计划包括各类修理和技术改造，是企业维持简单再生产和扩大再生产的基本手段之一。

一、修理计划的类别及内容

企业的设备修理计划，通常分为按时间进度安排的年、季、月计划及按修理类别编制的大修理计划两类。

（一）按时间进度编制的计划

1. 年度修理计划

包括大修、项修、技术改造、实行定期维修的小修和定期维护，以及更新设备的安装等检修项目。

2. 季度修理计划

包括按年度计划分解的大修、项修、技术改造、小修、定期维护及安装和按设备技术状态劣化程度，经使用单位或部门提出的必须小修的项目。

3. 月份修理计划

内容有：①按年度分解的大修、项修、技术改造、小修、定期维护及安装。②精度调整。③根据上月设备故障修理遗留的问题及定期检查发现的问题，必须且有可能安排在本月的小修项目。

年度、季度、月份检修计划是考核企业及车间设备修理工作的依据。年度、季度、月份修理计划分别见表7-1～表7-3。

（二）按修理类别编制的计划

企业按修理类别编制的计划，通常为年度设备大修理计划和年度设备定期维护计划（包括预防性试验）。设备大修计划主要供企业财务管理部门准备大修理资金和控制大修理费使用，并上报管理部门备案。设备大修计划见表7-4。

二、修理计划的编制依据

1. 设备的技术状态

由车间设备工程师（或设备员）根据日常点检、定期检查、状态监测和故障修理记录所积累的设备状态信息，结合年度设备普查鉴定的结果，综合分析后向设备管理部门填报"设备技术状态普查表"（表7-5）。对技术状态劣化须修理的设备，应列入年度修理计划的申请项目。

企业的设备普查一般安排在每年的第三季度，由设备管理部门组织实施。

2. 生产工艺及产品质量对设备的要求

由企业工艺部门根据产品工艺要求提出。如设备的实际技术状态不能满足工艺要求，应安排计划修理。

表 7-1 _____ 年度设备修理计划表

制表时间：　　年　月　日

序号	使用单位	设备编号	设备名称	型号规格	设备类别	修理复杂系数			修理类别	主要修理内容	修理工时定额					停歇天数	计划进度				修理费用	承修单位	备注
						机	电	热			合计	钳工	电工	机加工	其他		一季度	二季度	三季度	四季度			

总工程师：　　　　　　　设备科长：　　　　　　　计划员：

表 7-2 _____ 季度设备修理计划表

制表时间：　　年　月　日

序号	使用单位	设备编号	设备名称	型号规格	设备类别	修理复杂系数			修理类别	主要修理内容	修理工时定额					停歇天数	计划进度			修理费用	承修单位	备注
						机	电	热			合计	钳工	电工	机加工	其他		月	月	月			

总工程师：　　　　　　　设备科长：　　　　　　　计划员：

表 7-3 _____月份设备修理计划表　　　　　　　制表时间：　年　月　日

序号	使用单位	设备编号	设备名称	型号规格	设备类别	修理复杂系数			修理类别	主要修理内容	修理工时定额					停歇天数	计划进度		修理费用	承修单位	备注
						机	电	热			合计	钳工	电工	机加工	其他		起	止			

总工程师：　　　　　　　　　　　　设备科长：　　　　　　　　　　　　计划员：

表 7-4 _____年度设备大修理计划表　　　　　　　制表时间：　年　月　日

序号	使用单位	设备编号	设备名称	型号规格	设备类别	修理复杂系数			主要修理内容	修理工时定额					停歇天数	计划进度		修理费用	承修单位	备注
						机	电	热		合计	钳工	电工	机加工	其他		季	月			

总工程师：　　　　　　　　　　　　设备科长：　　　　　　　　　　　　计划员：

表 7-5　设备技术状态普查表

设备编号		设备名称		型号规格		复杂系数	
制造厂		出厂编号		出厂日期		投产日期	
使用单位		上次修理日期		类别		使用情况	
目前使用情况及存在问题	1. 各传动、导轨面部分：						
	2. 各转动、传动部分：						
	3. 各润滑系统：						
	4. 加工产品的精度、表面粗糙度情况：						
	5. 电气系统、电气设备运行情况：						
	6. 外观、附件、安全装置：						
车间机械员		操作者		检查者		检查日期	

3. 安全与环境保护的要求

根据国家和有关主管部门的规定，设备的安全防护装置不符合规定，排放的气体、液体、粉尘等污染环境时，应安排改善修理。

4. 设备的修理周期与修理间隔期

设备的修理周期和修理间隔期是根据设备磨损规律和零部件使用的寿命，在考虑到各种客观条件影响程度的基础上确定的。这也是编制修理计划的依据之一。

5. 编制季度、月份计划

编制季度、月份计划时，应根据年度修理计划，并考虑到各种因素的变化（修前生产技术准备工作的变化、设备事故造成的损坏、生产工艺要求变化对设备的要求、生产任务的变化对停修时间的改变及要求等），进行适当调整和补充。

编制修理计划还应考虑下列问题：

1）生产急需的、影响产品质量的、关键工序的设备应重点安排修理。力求减少重点、关键设备生产与维修的矛盾。

2）应考虑到修理工作量的平衡，使全年修理工作能均衡地进行。对应修设备应按轻重缓急尽量安排计划。

3）应考虑修前生产技术准备工作的工作量和时间进度（如图样、关键备件，铸锻件供应、修理工、夹具制造等）。

4）精密设备检修的特殊要求。

5）生产线上单一关键设备，应尽可能安排在节假日中检修，以缩短停歇时间。

6）连续或周期性生产的设备（热力、动力设备）必须根据其特点适当安排，使设备修理与生产任务紧密结合。

7）同类设备，尽可能安排连续修理。

8）综合考虑设备修理所需的技术、物资、劳动力及资金来源的可能性。

三、修理计划的编制

（一）年度修理计划

年度设备修理计划是企业全年设备检修工作的指导性文件。对年度设备修理计划的要求是：力求达到既准确可行，又有利于生产。

1. 编制年度检修计划的五个环节

1）切实掌握需修设备的实际技术状态，分析其修理的难易程度。

2）与生产管理部门协商重点设备可能交付修理的时间和停歇天数。

3）预测修前技术、生产准备工作可能需要的时间。

4）平衡维修劳动力。

5）对以上四个环节出现的矛盾提出解决措施。

2. 计划编制的程序

一般在每年九月份编制下一年度设备修理计划，编制过程按以下四个程序进行（图7-2）：

（1）搜集资料　计划编制前，要做好资料搜集和分析工作。主要包括两个方面：一是设备技术状态方面的资料，如定期检查记录、故障修理记录、设备普查技术状态表以及有关产品工艺要求、质量信息等，以确定修理类别；二是年度生产大纲、设备修理定额、有关设备的技术资料以及备件库存情况。

（2）编制草案　在正式提出年度修理计划草案前，设备管理部门应在主管厂长（或总工程师）的主持下，组织工艺、技术、使用、生产等部门进行综合的技术经济分析论证，力求达到综合了必要性、可靠性和技术经济性基础上的合理性。

（3）平衡审定　计划草案编制完毕后，分发生产、计划、工艺、技术、财务以及使用等部门讨论，提出项目的增减、修理停歇时间长短、停机交付修理日期等各类修改意见，经过综合平衡，正式编制出修理计划，由设备管理部门负责人审定，报主管厂长批准。

（4）下达执行　每年12月份以前，由企业生产计划部门下达下一年度设备修理计划，作为企业生产、经营计划的重要组成部分进行考核。

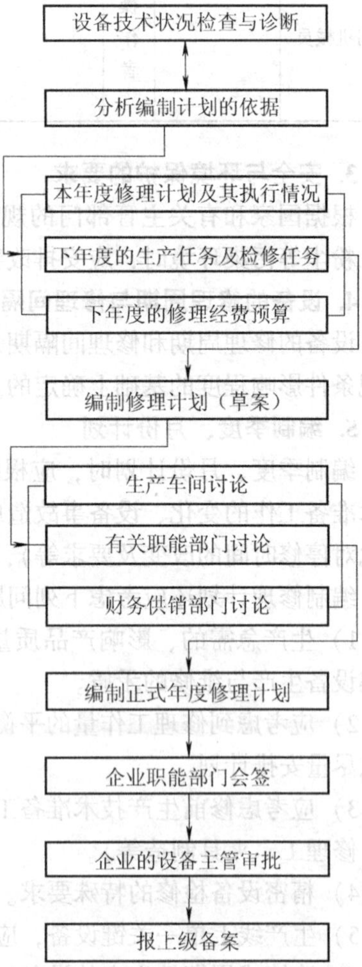

（二）季度修理计划

它是年度修理计划的实施计划，必须在落实停修时间、修理技术、生产准备工作及劳动

图7-2　年度修理计划的编制程序

组织的基础上编制。按设备的实际技术状态和生产的变化情况，它可能使年度计划有变动。季度修理计划在前一季度第二个月开始编制。可按编制计划草案、平衡审定、下达执行三个基本程序进行，一般在上季度最后一个月 10 日前由计划部门下达到车间，作为其季度生产计划的组成部分加以考核。

（三）月份修理计划

它是季度计划的分解，是执行修理计划的作业计划，是检查和考核企业修理工作好坏的最基本的依据。在月份修理计划中，应列出应修项目的具体开工、竣工日期，对跨月份项目可分阶段考核。应注意与生产任务的平衡，要合理利用维修资源。一般每月中旬编制下一个月份的修理计划，经有关部门会签、主管领导批准后，由生产计划部门下达，于生产计划同时检查考核。

（四）滚动计划

它是一种远近结合、粗细结合、逐年滚动的计划。由于长期计划的期限长、涉及面广，有些因素难以准确预测，为保证长期计划的科学性和正确性，在编制方法上可采用滚动计划法。

在编制滚动计划时，先确定一定的时间长度（如三年、五年）作为计划期；在计划期内，根据需要将计划期分为若干时间间隔，即滚动期，最近的时间间隔中的计划为实施计划，内容要求较详尽；以后各间隔期内的计划为展望计划，内容较粗略；在实施过程中，在下一个滚动期到来之前，要根据条件的变化情况对原定计划进行修改，并加以延伸，拟定出新的既将执行的实施计划和新的展望计划。其程序如图 7-3 所示。

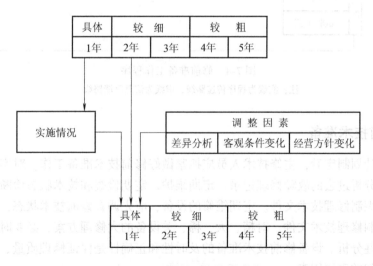

图 7-3　滚动计划的编制程序

第三节　设备的修前准备工作

修前准备工作完善与否，将直接影响到设备的修理质量、停机时间和经济效益。设备管理部门应认真做好修前准备工作的计划、组织、指挥、协调和控制工作，定期检查有关人员所负责的准备工作完成情况，发现问题应及时研究并采取措施解决，保证满足修理计划的要求。

图7-4表示修前准备工作程序。它包括修前技术准备和生产准备两方面的内容。

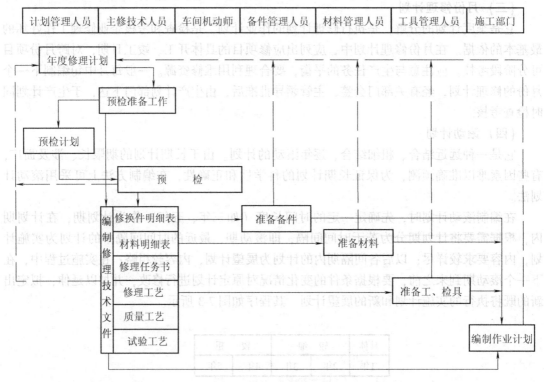

图 7-4　修前准备工作程序

注：实线为程序传递路线，虚线为信息反馈路线。

一、修前技术准备

设备修理计划制定后，主修技术人员应抓紧做好修前技术准备工作。对实行状态监测维修的设备，可分析过去的故障修理记录、定期维护、定期检查和技术状态诊断记录，从而确定修理内容和编制修理技术文件。定期维修的设备，应先调查修前技术状态，然后分析确定修理内容和编制修理技术文件。对精、大、稀、关设备的大修理方案，必要时应从技术和经济方面做可行性分析。设备修前技术准备的及时性和正确性是保证修理质量、降低修理费用和缩短停机时间的重要因素。

修前技术准备工作内容主要有：修前预检、修前资料准备和修前工艺准备。

1. 修前预检

修前预检是对设备进行全面的检查，它是修前准备工作的关键。其目的是要掌握修理设备的技术状态（如精度、性能、缺损件等），查出有毛病的部位，以便制订经济合理的修理计划，并做好各项修前准备工作。预检的时间不宜过早，否则将使查得的更换件不准确、不全面，造成修理工艺编制得不准确。预检过晚，将使更换件的生产准备周期不够。因此须根据设备的复杂程度来确定预检的时间。一般设备宜在修前三个月左右进行。对精、大、稀以及需结合改造的设备宜在修前六个月左右进行。通过预检，首先必须准确而全面地提出更换件和修复件明细表，其提出的齐全率要在80%以上。特别是铸锻件、加工周期长的零件以及需要外协的零件不应漏提。其次对更换件和修复件的测绘要仔细，要准确而齐全地提供其各部分尺寸、公差配合、几何公差、材料、热处理要求以及其他技术条件，从而保证提供可靠的配件制造图样。

预检可按如下步骤进行：

1）主修技术员首先要阅读设备说明书和装配图，熟悉设备的结构、性能和精度要求。其次是查看设备档案，从而了解设备的历史故障和修理情况。

2）由操作工人介绍设备目前的技术状态，由维修工人介绍设备现有的主要缺陷。

3）进行外观检查，如导轨面的磨损、碰伤等情况，外露零部件的油漆及缺损情况等。

4）进行运转检查。先开动设备，听运转的声音是否正常，详细检查不正常的地方。打开盖板等，检查看得见的零部件。对看不见且怀有疑问的零部件则必须拆开检查。拆前要做好记录，以便解体时检查及装配复原之用。必要时还要进行负荷试车及工作精度检验。

5）按部件解体检查。将有疑问的部件拆开细看是否有问题。如有损坏，则由设计人员按照备件图提出备件清单。对于没有备件图的，就须拆下零部件，将其测绘成草图。尽可能不大拆，因预检后还需要装上交付生产。

6）预检完毕后，将记录进行整理，编制修理工艺准备资料，如修前存在问题记录表、磨损件修理及更换明细表等。

2. 修前资料准备

预检结束后，主修技术员须准备更换零部件图样，结构装配图，传动系统图，液压、电气、润滑系统图，外购件和标准件明细表以及其他技术文件等。

3. 修前工艺准备

资料准备工作完成后，就需着手编制零件制造和设备修理的工艺规程，并设计必要的工艺装备等。

二、修前生产准备

修前生产准备包括：材料及备件准备，专用工、检具的准备以及修理作业计划的编制。充分而及时地做好修前生产准备工作，是保证设备修理工作顺利进行的物质基础。

1. 材料及备件的准备

根据年度修理计划，企业设备管理部门编制年度材料计划，提交企业材料供应部门采购。主修技术人员编的"设备修理材料明细表"是领用材料的依据，库存材料不足时应临时采购。

外购件通常是指滚动轴承、标准件、胶带、密封件、电器元件、液压件等。我国多数大、中型机器制造企业将上述外购件纳入备件库的管理范围，有利于维修工作顺利进行，不足的外购件再临时采购。

备件管理人员按更换件明细表核对库存后，不足部分组织临时采购和安排配件加工。铸、锻件毛坯是配件生产的关键，因其生产周期长，故必须重点抓好，列入生产计划，保证按期完成。

2. 专用工、检具的准备

专用工、检具的生产必须列入生产计划，根据修理日期分别组织生产，验收合格入库编号后进行管理。通常工、检具应以外购为主。

3. 设备停修前的准备工作

以上生产准备工作基本就绪后，要具体落实停修日期。修前对设备主要精度项目进行必要的检查和记录，以确定主要基础件（如导轨、立柱、主轴等）的修理方案。

切断电源及其他动力管线，放出切削液和润滑油，清理作业现场，办理交接手续。

三、修理作业计划的编制

修理作业计划是主持修理施工作业的具体行动计划，其目标是以最经济的人力和时间，在保证质量的前提下力求缩短停歇天数，达到按期或提前完成修理任务的目的。

修理作业计划由修理单位的计划员负责编制，并组织主修机械和电气的技术人员、修理工（组）长讨论审定。对一般中、小型设备的大修，可采用"横道图"或作业计划加上必要的文字说明；对于结构复杂的高精度、大型、关键设备的大修，应采用网络计划。

编制修理作业计划的主要依据是：

1）各种修理技术文件规定的修理内容、工艺、技术要求及质量标准。

2）修理计划规定的时间定额及停歇天数。

3）修理单位有关工种的能力和技术水平以及装备条件。

4）可能提供的作业场地、起重运输、能源等条件。

修理作业计划的主要内容是：①作业程序。②分阶段、分部作业所需的工人数、工时数及作业天数。③对分部作业之间相互衔接的要求。④需要委托外单位劳务协作的事项及时间要求。⑤对用户配合协作的要求等。

第四节　设备修理计划的实施、验收与考核

对单台设备来说，实施修理计划时要求：①使用单位按规定日期将设备交付修理。②修理单位认真按作业计划组织施工。③设备管理、质量检验、使用以及修理单位相互密切配合，做好修后的检查和验收工作。

一、单台设备修理计划实施中的几个环节

（一）交付修理

设备使用单位应按修理计划规定的日期，在修前认真做好生产任务的安排。对由企业机修车间和企业外修单位承修的设备，应按期移交给修理单位，移交时，应认真交接并填写"设备交修单"（表7-6）一式两份，交接双方各执一份。

表 7-6　仪器、设备交修单

资产编号		资产名称			型号规格		
交修日期	年　月　日	合同名称、编号					
随机移交的附件及专用工具							
序号	名　称		规　格	单位	数量	备　注	
1							
2							
3							
…							
需记载的事项							
使用部门	部门名称			承修单位	单位名称		
	负责人				负责人		
	交修人				接收人		

注：本表一式二份，使用部门、承修单位各执一份。

设备竣工验收后，双方按"设备交修单"清点设备及随机移交的附件、专用工具。

如果设备在安装现场进行修理，使用单位应在移交设备前，彻底擦洗设备和把设备所在的场地扫干净，移走产成品或半成品，并为修理作业提供必要的场地。

由设备使用单位维修工段承修的小修或项修，可不填写"设备交修单"，但也应同样做好修前的生产安排，按期将设备交付修理。

（二）修理施工

在修理过程中，一般应抓好以下几个环节。

1. 解体检查

设备解体后，由主修技术人员与修理工人密切配合，及时检查零部件的磨损、失效情况，特别要注意有无在修前未发现或未预测的问题，并尽快发出以下技术文件和图样：

1）按检查结果确定的修换件明细表。

2）修改、补充的材料明细表。

3）修理技术任务书的局部修改与补充。

4）按修理装配的先后顺序要求，尽快发出临时制造的配件图样。

计划调度人员会同修理工（组）长，根据解体检查的实际结果及修改补充的修理技术文件，及时修改和调整修理作业计划，并将作业计划张贴在作业施工的现场，以便于参加修理的人员随时了解施工进度要求。

2. 生产调度

修理工（组）长必须每日了解各部件修理作业的实际进度，并在作业计划上做出实际完成进度的标志（如在计划进度线下面标上红线）。对发现的问题，凡本工段能解决的应及时采取措施解决，例如，发现某项作业进度延迟，可根据网络计划上的时差，调动修理工人增加力量，把进度赶上去；对本工段不能解决的问题，应及时向计划调度人员汇报。

计划调度人员应每日检查作业计划的完成情况，特别要注意关键线路上的作业进度，并到现场实际观察检查，听取修理工人的意见和要求。对工（组）长提出的问题，要主动与技术人员联系商讨，从技术上和组织管理上采取措施，及时解决。计划调度人员，还应重视各工种之间作业的衔接，利用班前、班后各种工种负责人参加的简短"碰头会"了解情况，这是解决各工种作业衔接问题的好办法。总之，要做到不发生待工、待料和延误进度的现象。

3. 工序质量检查

修理工人在每道工序完毕经自检合格后，须经质量检验员检验，确认合格后方可转入下道工序。对重要工序（如导轨磨削），质量检验员应在零部件上做出"检验合格"的标志，避免以后发现漏检的质量问题时引起更多的麻烦。

4. 临时配件制造进度

修复件和临时配件的修造进度，往往是影响修理工作不能按计划进度完成的主要因素。应按修理装配先后顺序的要求，对关键件逐件安排加工工序作业计划，找出薄弱环节，采取措施，保证满足修理进度的要求。

（三）竣工验收

1. 竣工验收程序

设备大修理完毕经修理单位试运转并自检合格后，按图 7-5 所示的程序办理竣工验收。

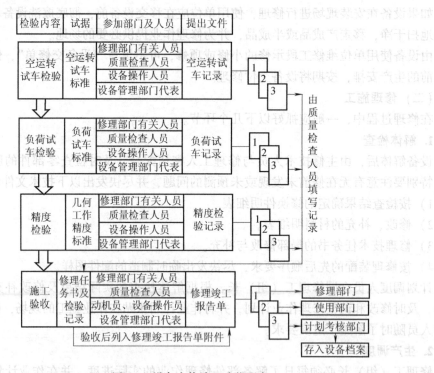

图 7-5　设备大修竣工验收程序

验收由企业设备管理部门的代表主持，要认真检查修理质量和查阅各项修理记录是否齐全、完整。经设备管理部门、质量检验部门和使用单位的代表一致确认，通过修理已完成修理任务书规定的修理内容并达到规定的质量标准及技术条件后，各方代表在"设备修理竣工报告单"（表 7-7）上签字验收。如验收中交接双方意见不一，应报请企业总机械师（或设备管理部门负责人）裁决。

表7-7 设备修理竣工报告单

使用单位：　　　　　　　　　　修理单位：　　　　　　　　　年　月　日

设备编号	名　称		型号与规格		复 杂 系 数		
					JF	DF	
设备类别	精 大 重 稀 关键 一般		修理类别		施工令号		
修理时间	计划	年　月　日至　年　月　日共停修　天					
	实际	年　月　日至　年　月　日共停修　天					
修理工时/h							
工 种	计 划	实 际	工 种		计 划	实 际	
钳工			油漆工				
电工			起重工				
机加工			焊工				
修理费用（元）							
名 称	计 划	实 际	名 称		计 划	实 际	
人工费			电动机修理费				
备件费			劳务费				
材料费			总费用				
修理技术文件及记录	1. 修理技术任务书　　　份。 2. 修换件明细表　　　份。 3. 材料表　　　份。			4. 电气检查记录　　　份。 5. 试车记录　　　份。 6. 精度检验记录　　　份。			

反面

主要修理及改装内容				
遗留问题及处理意见				
总机动师批示	验 收 单 位		修 理 单 位	质检部门检验结论
	使用单位	操作者	计划调度员	
		机动员	修理部门	
		主管	机修工程师	
	设备管理部门代表		电修工程师	
			主管	

　　设备大修竣工验收后，修理单位将修理技术任务书、修换件明细表、材料明细表、试车及精度检验记录等作为附件随同设备修理竣工报告单报送修理计划部门，作为考核计划完成的依据。

2. 用户服务

　　设备修理竣工验收后，修理单位应定期访问用户，认真听取用户对修理质量的意见。对修后运转中发现的缺点，应及时利用"维修窗口"圆满地解决。

　　设备大修后应有保修期，具体期限由企业自定，但一般应不少于三个月。

二、设备的委托修理

　　当本企业在维修技术和能力上不具备自己修理需修设备的条件，必须委托外企业承修。

一般由企业的设备管理部门负责委托设备专业修理厂、制造厂或其他有能力的企业承修，并签订设备修理经济合同。目前，在我国一些大型企业内部，生产分厂和修造分厂之间也实行了设备委托修理办法，利用经济杠杆的作用来促进设备维修和管理水平的提高。

（一）办理设备委托修理的工作程序

（1）分析确定委托修理项目　根据年度设备修理计划和使用单位的申请，企业的设备管理部门经过仔细分析，确定本企业对某（些）设备在技术上或维修能力上不具备自己修理的条件，经主管领导同意后，方可对外联系办理委托修理工作。负责办理委托修理的人员，应熟悉设备修理业务，并了解经济合同法。

（2）选择承修企业　通过调查，选择修理质量高、工期短和服务信誉好的承修企业。应优先考虑本地区的专业修理厂或设备制造厂。对重大、复杂的工程项目，可招标确定承修单位。

（3）与承修企业协商签订合同　签订承修合同一般应经过以下步骤：

1）委托企业（甲方）向承修企业（乙方）提出"设备修理委托书"，其内容包括设备的编号、名称、型号、规格、制造厂及出厂年份，设备实际技术状态，主要修理内容，今后应达到的质量标准，要求的停歇天数及修理的时间范围。

2）乙方到甲方现场实地调查了解设备状态、作业环境及条件，如乙方提出要局部解体检查，甲方应给予协助。

3）双方就设备是否要拆运到承修企业修理、主要部位的修理工艺、质量标准、停歇天数、验收办法及相互配合事项等进行协商。

4）乙方在确认可以保证修理质量及停歇天数的前提下，提出修理费用预算（报价）。

5）通过协商，双方对技术、价格、进度以及合同中必须明确规定的事项取得一致意见后，签订合同。

（二）设备委托修理合同的主要内容

1）委托单位（甲方）及承修单位（乙方）的名称、地址、法人及业务联系人的姓名。

2）所修设备的资产编号、名称、型号、规格、数量。

3）修理工作地点。

4）主要修理内容。

5）甲方应提供的条件及配合事项。

6）停歇天数及甲方可供修理的时间范围。

7）修理费用总额（即合同成交额）及付款方式。

8）验收标准及方法，以及乙方在修理验收后应提供的技术记录及图样资料。

9）合同任何一方的违约责任。

10）双方发生争议事项的解决办法。

11）双方认为应写入合同的其他事项，如保修期、乙方人员在施工现场发生人身事故的救护等。

以上有些内容如在乙方标准格式的合同用纸中难以说明时，可另形成附件，并在合同正本中说明附件是合同的组成部分。

（三）执行合同中应注意的事项

在执行合同中，除双方要认真履行合同规定的责任外，甲方还应着重注意以下事项：

1）设备解体后，如发现双方在签订合同前均未发现的严重缺损情况，甲方应主动配合乙方研究补救措施，以保证按期完成设备修理合同。

2）指派人员监督、检查修理质量及进度，如发现问题应及时向乙方反映，并要求乙方采取措施纠正、补救。

3）在企业内部，做好工艺部门、使用单位和设备管理部门之间的协调工作，以保证试车验收工作有计划地认真进行。

4）修理验收后，应及时向承修单位反馈质量信息，特别是发生较大故障时，及时与承修单位联系予以排除。

三、设备修理计划的考核

企业生产设备的预防维修，主要是通过完成各种修理计划来实现的。在某种意义上，修理计划完成率的高低反映了企业设备预防维修工作的优劣。因此，对企业及其各生产车间和机修车间，必须考核年度、季度、月份修理计划的完成率，并列为考核车间的主要技术经济指标之一。

考核修理计划的依据是"设备竣工报告单"，由企业设备管理部门的计划科（组）负责考核。

设备修理计划的考核指标参见表7-8，此外，还可按计划定额考核工时及修理费用完成率。

表7-8　设备修理计划考核指标

序号	指标名称	计　算　式	考核期	按年初计划考核的参考值	备　注
1	小修计划完成率	$\dfrac{实际完成台数}{计划台数}\times100\%$	月、季、年		$F_{机}$ 为机械部分的修理复杂系数
2	项修计划完成率	$\dfrac{实际完成 F_{机} 的和}{计划完成 F_{机} 的和}\times100\%$	月、季、年	±10%	
3	大修计划完成率		月、季、年	±5%	
4	大修费用完成率	$\dfrac{实际大修费用}{计划大修费用}\times100\%$	季、年	<105%	
5	大修平均停歇天数/$F_{机}$	$\dfrac{完成大修项目实际停歇天数}{在修项目 F_{机} 之和}$	季、年	与计划值比较	
6	大修质量返修率	$\dfrac{保修期内返修停歇台时}{返修设备实际大修停歇台时}\times100\%$	季、年	<1%	

第五节　设备修理定额

设备修理定额包括修理工时定额，停歇时间定额，材料消耗定额及修理费用定额等。修理定额是制订修理计划、考核修理中各项消耗及分析修理活动经济效益的依据。

在我国，通常以"设备修理复杂系数"作为计算考核设备修理定额的基本依据。应用设备修理复杂系数确定的各项定额，是同类设备相当多台次的平均数。实践证明，用它来测算一个工厂或车间年度全部修理设备的定额比较准确，而用它来考核单台（项）设备的修理往往出入较大，更不宜作为计件工资或计算奖金的依据。设备修理复杂系数适用于年度修理计划的编制。对于单台（项）设备修理定额，应根据修理任务书规定的修理内容和修理工艺来具体测算——技术测算法，或根据该型号设备相当多台次的修理记录进行统计分析来制订修理定额。

由于企业的生产性质、设备构成、生产条件、维修技术水平和管理水平不同，各企业的设备修理定额可以有所不同。先进合理的修理定额，可以促进修理工作的发展。每个企业应根据自己积累的修理记录，经过统计分析，剔除非正常因素造成的消耗，本着平均先进值的原则，制订出本企业的平均修理定额。

一、设备修理复杂系数

设备修理复杂系数是表示设备修理复杂程度的一个假定单位。修理复杂系数的大小，主要取决于设备的维修性。设备易修，复杂系数小；设备难修，复杂系数则大。一般情况下，设备的结构越复杂、尺寸越大、加工精度越高、功能越多、效率越高，修理复杂系数也就越大。

（一）设备修理复杂系数的定义

设备修理工作的劳动量是根据修理类别、设备的结构特性、工艺性能及设备的零部件的几何尺寸所决定的。用来衡量设备修理复杂程度和修理工作量大小的指标，称为设备修理复杂系数，以 F 表示。分为机械修理复杂系数（以 JF 表示）、电气修理复杂系数（以 DF 表示）、热工设备修理复杂系数，用 $F_热$ 表示。

机械修理复杂系数：是以标准等级（五级修理工）的机修钳工，彻底检修（即大修）一台标准机床（中心距为 1000mm 的 C620—1 型卧式车床）所耗用劳动量的修理复杂程度，假定为 11 个机械修理复杂系数，作为相对基数。

电气修理复杂系数：是以标准等级的电修钳工（即电工）彻底检修一台额定功率为 0.6kW 的防护式异步笼型电动机所耗用劳动量的复杂程度，假定为 1 个电气修理复杂系数，作为相对基数。

热工（又称热力）设备修理复杂系数：是以标准等级的热工工人彻底检修一台 IBA6（IK6）水泵所耗用劳动量的复杂程度，假定为 1 个热工修理复杂系数，作为相对基数。

（二）影响设备修理复杂系数的因素

设备结构越复杂、主要部件尺寸越大、加工精度越高、生产能力越大，设备修理复杂系数就越高。主要影响因素有：

1）设备结构的自动化程度、复杂程度和结构特性。

2）为满足生产工艺要求所需的主要动作项目。

3）设备主要运动的变速级数，需要刮研的重要接合面大小，设备的重量以及组成设备的零件数。

4）设备效能及设备主要部件的几何尺寸和精度。

5）设备工作条件（如压力、温度等）。

6）设备特性和修理的方便性。

7）设备电气控制部分的复杂程度，这是决定电气修理复杂系数的主要因素。

8）使用动能的类别及输送、储存介质（气体、液体等）的性质。

（三）设备修理复杂系数的主要用途

1）衡量企业或车间设备修理工作量的大小。

2）表示企业设备维修管理工作量的大小，可用于合理地配备设备维护和维修工人，配备维修用设备。在核实生产能力和定员工作中，可用来核算、平衡、协调设备维修能力。

3）制订设备维修的各种消耗定额（如设备修理工时、费用、材料、备件储备等定额）和停机时间定额的基本依据。

4）编制维修管理工作计划和统计分析各项经济技术指标的主要依据。

5）确定设备等级标准的重要依据（如重点设备、主要生产设备等）。

（四）确定设备修理复杂系数的方法简介

1. 分析比较法

用一标准参照机型（也称参照物）来衡量其他各类设备的修理复杂系数。为了将同类设备统一在一个标准上，在选择参照物时，必须选择具有代表性和适应性的参照物。实际工作中一般选用：

1）以中心距为1000mm的C620-1型卧式车床为机械修理复杂系数的参照物，假定它为11个机械修理复杂系数。

2）以额定功率为0.6kW的防护式异步笼型电动机作为电气修理复杂系数的参照物，假定它为1个电气修理复杂系数。

3）以IBA6（IK6）水泵作为热力设备修理复杂系数的参照物，假定它为1个热工修理复杂系数。

仅仅依靠这三个参照物，直接衡量和比较所有设备的修理复杂系数是相当困难的，也是不可能的。尤其是在当代，设备的结构越来越复杂，技术越来越先进，电控部分将由一般控制过渡到数控、程控和计算机控制。因此，必须随着科学技术的发展，不断研究新的参照物。

分析比较法的具体方法有好几种：

1）整台比较法：就是用需要确定修理复杂系数的设备，与统一标准的各种参照物进行比较，来确定该设备的修理复杂系数。

2）部件分析比较法：是根据设备结构特点和部件复杂程度，与相似结构的已知设备修理复杂系数的设备，按其部件逐一比较，得出各部件的修理复杂系数，其总和则为该机的修理复杂系数。

3）修理工时分析比较法：是根据设备大修理实际耗用工时和规定每一修理复杂系数的工时定额相比较而得，即

$$JF(或DF) = 单台设备大修理实际耗用工时/单位修理复杂系数工时定额$$

2. 公式计算法

它是由部件分析比较法发展起来的，在长期的实践工作中，人们根据设备的结构特点、修理特性、设备尺寸大小、传动关系和精度高低等方面因素，总结出经验公式，以此来计算设备的修理复杂系数。详细内容可查阅《机械动力设备修理复杂系数》，该手册中既有各类机械、动力设备的修理复杂系数，又有计算公式。

二、修理工时定额

修理工时定额是指完成设备修理工作所需要的标准工时数。一般是用一个修理复杂系数

所需的劳动时间来表示。由于各企业维修工的技术水平和维修工作组织能力不一，因此，修理工时定额可根据各企业的具体情况自行确定。表7-9列出计划预修制的修理工时定额参考数据。表内的定额是按五级工技术水平的工时计算的，如换算为其他等级的工种，则需乘以技术等级换算系数，其系数值列于表7-10。

表7-9　一个修理复杂系数的修理工时定额（计划预修制）　　　（单位：h）

检修类别	大 修				小 修				定 期 检 查				精 度 检 查		
设备类别	合计	钳工	机工	电工	其他	合计	钳工	机工	电工	合计	钳工	机工	电工	合计	钳工	电工
一般机床	76	40	20	12	4	13.5	9	3	1.5	2	1	0.5	0.5	1.5	1	0.5
大型机床	90	50	20	16	4	16.5	11	4	1.5	3	2	0.5	0.5	2.5	2	0.5
精密机床	119	65	30	20	4	19.5	13	5	1.5	4	3	0.5	0.5	3.5	3	0.5
锻压设备	95	45	30	10	10	14	10	3	1	1	0.5	0.5	—	—	—	—
起重设备	75	40	15	12	8	8	5	2	1	1	0.5	0.5	—	—	—	—
电气设备	36	2	4	30	—	7.5		0.5	7	1			1	—	—	—
动力设备	90	45	25	16	4	16.5	11	4	1.5	2	1	0.5	0.5	—	—	—
其他设备	80	40	25	10	5	9	5	3	1	1.5	1	0.5	—	—	—	—

注：表内定额是按五级工技术水平的工时计算。

表7-10　技术等级换算系数

技术等级	1	2	3	4	5	6	7	8
换算系数	1.93	1.64	1.32	1.18	1	0.85	0.72	0.66

有了各种设备的修理复杂系数和每一修理复杂系数的工时定额后，就可以计算出每台设备修理时的劳动量。例如，某机床的修理复杂系数为15，每一修理复杂系数的修理定额为76工时，如修理工的技术等级为三级，则大修该机床的劳动量为 15×76×1.32 工时≈1505 工时，汇总各台设备修理所需的劳动量，就可计算出计划期内为完成全部修理工作所需的总劳动量。

三、设备修理停歇时间定额

停歇时间定额是指从设备停歇修理起到修理完毕经质量检查验收合格，可以投产使用所经过的全部时间标准。为了尽量缩短停歇时间，就须做好修前的各项准备工作，如图样资料的准备，各种修理工艺的编制，以及备件、更换件的准备。这样，修理停歇时间的长短主要取决于修理钳工劳动量（对于电气部分为主的设备，若 $DF \gg JF$，则取决于电修劳动量）。

设备修理停歇时间定额可按下式计算：

$$T_s = \frac{gF}{mHDK} + T_o$$

式中　T_s——设备停歇时间（工作日）；

　　　g——每一个修理复杂系数的钳工工时定额（h）；

　　　F——修理复杂系数；

　　　D——在一个工作班内修理该设备的合理钳工人数；

　　　H——每个工作班的时间（h）；

m——每天工作班次；

K——修理工时定额完成系数（与修理工级别有关）；

T_o——附加停机时间（h），如现场清理、切接电源、在地基上校正、浇灌地基、修后涂漆干燥、试车验收等时间。

维修人员的工作班制计算小时 mH，一班制按7.7h计算，二班制按15h计算，三班制按22h计算。

设备修理停歇时间也可按每个修理复杂系数的停机时间定额来计算，此值一般由企业主管部门统一规定。现将通用设备一个修理复杂系数停歇时间定额列于表7-11中，供参考。

表7-11　机械设备一个修理复杂系数的停歇时间定额

修 理 类 别	停歇时间定额/工作日	修 理 类 别	停歇时间定额/工作日
项修前检查	0.3	定期检查	0.5
大修前检查	0.4	项修	1.5
定期维护	0.3	大修	2.5

四、材料消耗定额

修理材料消耗定额是为完成设备修理工作所规定的材料消耗标准，可用每一修理复杂系数所需材料数量来表示。表7-12列出各类设备主要材料消耗定额的参考数据。

表7-12　各类设备主要材料消耗定额　　　　　　（单位：kg）

设 备 类 别	修理类别	一个修理复杂系数主要材料消耗定额							
		铸铁	铸钢	耐磨铸铁	碳素钢	合金钢	锻钢	型钢	有 色 金 属
金切机床	大修	12	0.25	1	13.5	6.6			1.6
	项修	7	0.2	0.3	8	3		0.5	1
	定期检查	1	0.05	0.1	2	1			0.5
锻造设备、汽锤、剪床、磨擦压力机	大修	11	15		12	20	30		4
	项修	5	3		4	8	7		2
	定期检查	2			2	3			0.4
压力机液压机	大修	19	30		17	15	40		8
	项修	10	7		7	7	10		4
	定期检查	4			3	2			0.8
木工机床	大修	5			8	5		2	0.7
	项修	2			4.5	2.5		1	0.5
	定期检查	0.5			1	0.8			0.2
起重设备运输设备	大修	6.5	7		10	6	3	40	2
	项修	2.5	4		4	3		20	1
	定期检查	0.7	1		1.5	1		8	0.4
铸造设备	大修	40	15		11	11			0.3
	项修	15	6		5	5			0.2
	定期检查	5	2		2	2			0.1
空压机	大修	3			钢材8				铸件2
	项修	2			钢材4				铸件1.5
	定期检查	1			钢材1.5				铸件0.5

五、修理费用定额

设备修理费用定额，是为完成设备修理项目所规定的费用标准，是衡量修理工作经济效益的主要标志。各企业在设备修理工作中，要不断降低费用，追求修理工作的经济效果。

设备修理费用定额，是在修理工时定额、材料消耗定额的基础上核算出来的。其计算公式为：

$$G_F = D_{Z总}N_F + \sum (C_g C_a) + D_{Z总}J_C$$

式中　G_F——单位修理复杂系数修理费用定额（元）；

　　　$D_{Z总}$——单位修理复杂系数总工时定额（h）；

　　　N_F——每小时工资费、工资附加费、辅助工资等（元/h）；

　　　C_g——单位修理复杂系数各种材料消耗定额（kg）；

　　　C_a——各种材料单价（元/kg）；

　　$(C_g C_a)$——各种材料费用总和（元）；

　　　J_C——每小时分摊的车间经费（即车间经费分配率，元/h）。

设备大修理费用定额中还应加上按工时分摊的企业管理费。

第六节　设备修理的信息管理

设备修理的信息管理，是指对设备修理的图样、数据、报表、指令、凭证等资料，进行收集、加工、传输、存储、检索、输出等一系列组织管理工作。

设备信息分类如图7-6所示。

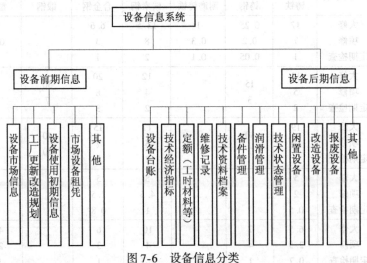

图7-6　设备信息分类

信息是重要的资源，信息能产生新的价值。建立信息系统，利用信息，可以达到适时维修、提高修理质量和效率的目的。

一、设备修理的信息

设备修理的信息包括技术信息和经济信息两个方面。

1. 技术信息

设备修理的技术信息主要包括设备的技术状态、修理内容及所采用的修理工艺。其资料来源有：

1）反映设备修前技术状态的定期检查记录，状态监测记录、年度普查记录、故障修理记录等。

2）修理用图样及各种修理技术文件、修理中的技术记录及修后的检验记录等。

2. 经济信息

设备修理的经济信息主要包括修理工时、停歇天数及其构成、修理费用及其构成等。其资料来源有：

1）年、季、月设备修理计划。

2）施工作业计划及工程预算。

3）修前编制的更换件明细表及材料明细表。

4）有关修理工时、进度、备件、材料、外协劳务费等的原始记录和凭证以及统计资料。

从设备综合管理的基点出发，必须研究和加强设备的信息管理，以不断提高设备管理和维修的现代化水平。在设备信息管理中，首先要做到资料完整、准确（如实反映情况）和及时传输；然后对资料进行整理和统计分析，提取有用的信息。

二、设备修理的信息流程

企业设备修理的信息流程随企业修理体制而有所不同，图 7-7 所示为某机器制造厂的设备大修、项修信息流程图，可供参考。各企业可按各自的具体情况，制订适合本企业所需要的设备修理信息流程图。

下面对图 7-7 所示设备修理信息流程图作三点说明：

1）该机器制造厂的设备管理部门和修理车间在组织上是统一的，即只设机动处。对分别设置设备管理部门和机修车间的企业，图示设备信息流程图则不完全适用。

2）图中未具体表示季度、月份计划的制订过程。

3）关于修理技术文件中的作业计划，该企业是在月份修理计划下达后，由计划调度科随同施工命令单一起传输给施工单位的，图中未加以表示。

三、信息的加工与存储

（1）信息的加工　信息必须经整理加工变为可用信息，这是信息管理的目的。图 7-7 中关于设备的定期检查记录、状态监测记录、年度普查记录等收集到的信息，必须经过加工（综合分析加以概括）才能变为设备修理的信息（某一设备是否需要修理？修理哪些部位？何时修理较为适宜？），从而提出修理申请书。可见，信息加工是信息管理的重要环节，管理人员必须具备加工处理信息的知识和技能。

（2）信息的存储　信息可以传递，可以存储，可以共享。设备修理的信息经加工处理后，既可用于指导设备的修理工作，也可存储起来。当数据积累多了，便有可能发现貌似偶然的现象和数据的规律性，从而反过来指导今后设备的修理工作。

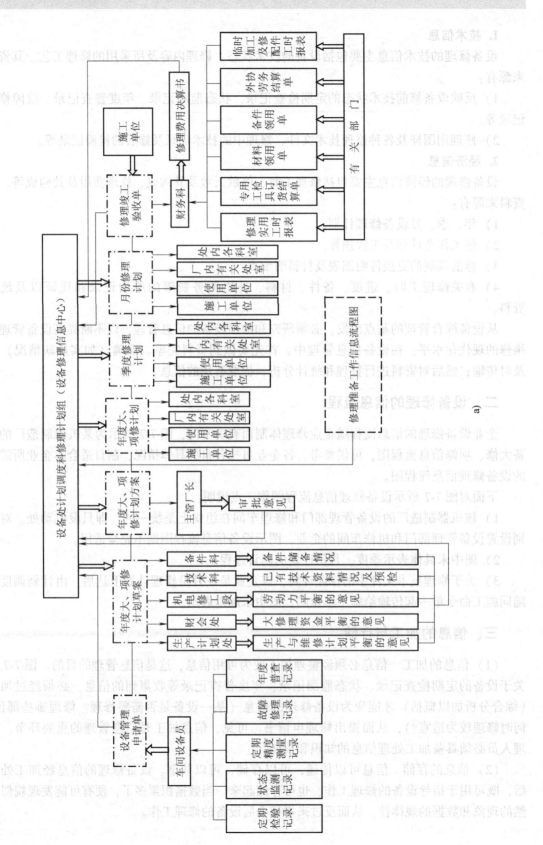

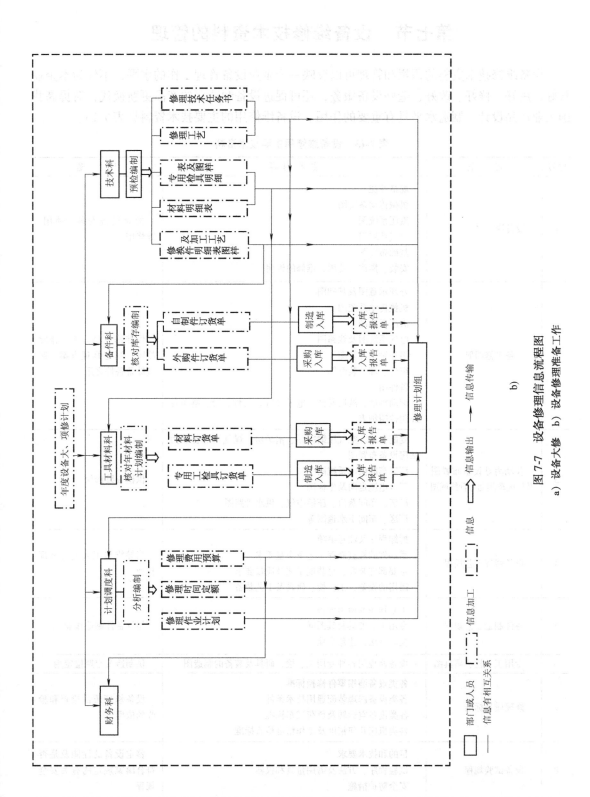

图 7-7　设备修理信息流程图
a) 设备大修　b) 设备修理准备工作

第七节 设备维修技术资料的管理

设备维修技术资料的积累和管理可以反映一个企业设备管理工作的水平，不仅为本企业管好、用好、修好、改好、造好设备服务，还可促进设备制造厂的产品更新换代，对提高我国工业产品设计、制造水平具有重要的作用。设备维修用的主要技术资料见表7-13。

表7-13 设备维修用主要技术资料

序号	名 称	主 要 内 容	用 途
1	设备说明书	规格性能 机械传动系统图 液压系统图 电气系统图 基础布置图 安装、操作、使用、维修的说明	指导设备安装、使用、维修用
2	设备维修图册	外观示意图及基础图 机械传动系统图 液压系统图 电气系统图及线路图 滚动轴承位置图 组件、部件装配图 备件图 滚动轴承、液压元件、电子（气）元件、带、链条等外购件明细表	供维修人员分析、排除故障、制定修理方案、制造储备备件之用
3	各动力站设备布置图及厂区车间动力管线网图	变配电所、空气压缩机站、锅炉房、煤气站等各动力站房设备布置图 厂区车间供电系统图 厂区电缆走向及坐标图 厂区、车间蒸汽、压缩空气、供水管路图 厂区、车间下水道图等	供检查维修用
4	设备修理工艺规程	拆卸程序及注意事项 零部件的检查修理工艺及质量要求 主要部件装配、总装配工艺及质量要求 需用的设备，工、检、研具及工艺装备	指导维修工人进行修理作业
5	备件制造工艺规程	工艺程序及所用设备 专用工、夹具及其图样 检验方法，注意事项	指导备件制造作业
6	专用工、检、研具图	设备修理用各种专用工、检、研具及装备的制造图	供制造及定期检定用
7	修理质量标准	各类设备磨损零件修换标准 各类设备修理装配通用技术条件 各类设备空运转及负荷试车标准 各类机床几何精度及工作精度检验标准	设备修理质量检查和验收的依据
8	设备试验规程	目的和技术要求 试验程序、方法及需用量具和仪器 安全防护措施	鉴定设备的性能及是否符合国家规定的有关安全规程

（续）

序号	名　称	主　要　内　容	用　途
9	其他参考技术资料	有关国际标准及外国标准 有关国家技术标准 工厂标准 国内外设备维修先进技术、经验，新技术、新工艺、新材料等有关资料 各种技术手册 各种设备管理与维修期刊等	维修技术工作参考用

一、资料来源

设备维修技术资料主要来源于以下方面：购置设备时随机提供的技术资料；使用中设备向制造厂、有关单位、科技书店等购置的资料；自行设计、测绘和编制的资料等。

二、管理内容

维修技术资料的管理主要内容有：

1）规格标准。包括有关的国际标准、国家标准、部颁标准以及有关法令、规定等。

2）图样资料。企业内机械、动力设备的说明书、部分设备制造图、维修装配图、备件图册以及有关技术资料。

3）动力站房设备布置图及动力管线网图。

4）工艺资料。包括修理工艺、零件修复工艺、关键件制造工艺、专用工量夹具图样等。

5）修理质量标准和设备试验规程。

6）一般技术资料。包括设备说明书、研究报告书、实验数据、计算书、成本分析、索赔报告书、一般技术资料、专利资料、有关文献等。

7）样本和图书。包括国内外样本、图书、刊物、照片和幻灯片等。

三、管理程序

设备维修技术资料的管理程序，应从收集、整理、评价、分类、编号、复制（描绘）、保管、检索和资料供应的全过程来考虑。由于文件资料种类繁多，管理工作量很大，为了编列和查询方便，需建立资料的编码检索系统，并应用电子计算机来进行管理，使工作既省力又迅速。

四、图样管理

图样管理除采用适当的分类代码方式外，还需注意收集、测绘、审核、描图和保管等环节。

（1）搜集　各单位需要外购的资料以及本企业自行设计的设备图样，统一由设备处（科）和规划处负责管理。新设备进厂、开箱后，搜集随机带来的图样资料，由设备处（科）资料室负责编号、复制和供应。若是进口设备，尚需组织翻译工作。

（2）测绘　有些设备，特别是进口设备，其图样资料往往是在设备修理时进行测绘的，并通过修理实践，再经过整理、核对、复制、存档，以备今后制造、维修和备件生产时使用。

（3）审核　对设备开箱时随机带来的图样资料、外购图样和测绘图样，应有审校手续。

发现图样与实物有不符合之处，必须做好记录，并在图样上作修改。

（4）描图 将收集、测绘并经审核后的图样，以及使用后破损的底图，须进行描绘和复印。

（5）保管 所有入库的蓝、底图必须经过整理、清点、编号、装订（指蓝图），登账后上架（底图不得折叠，存放在特制的底图柜内）。图样资料借阅应按规定的借阅手续办理。图样应存放在设有严密防灾措施的安全场所。

近年来，许多单位的资料室都把图样资料转换为电子版文档存档。这种方法既节省存放面积，又便于整理保管，还便于很多人同时阅读。

第八节　设备修理用技术文件

设备修理技术文件的作用是：修前材料、备件准备的依据，制订修理工时定额、修理停歇时间定额和费用预算的依据，编制修理作业计划的依据，指导修理作业的依据，检查和验收修理质量的标准。

修理技术文件的正确性和先进性，是衡量企业设备维修技术水平的主要标志之一。其中，正确性是指能全面、准确地反映设备修前的技术状态，针对存在的缺陷，制订切实有效的修理方案；先进性是指所采用的修理工艺不但先进、适用，而且经济效益良好（修理停歇时间短，修理费用低）。

一、修理技术任务书

修理技术任务书是修理设备重要的指导性技术文件，其中规定了设备的主要修理内容、应遵守的修理工艺规程和应达到的质量标准。

（一）编制程序

1）详细调查设备修前的技术状态、存在的主要问题及生产、工艺对设备的要求。

2）针对设备的磨损情况，分析确定采用的修理方案、主要零部件的修理工艺以及修后的质量要求。

3）将草案送使用单位征求意见并会签，然后由有关技术负责人审查批准。

（二）编制内容

1）设备修前技术状态。如工作精度、几何精度、主要性能、主要零部件磨损情况、电气装置及线路主要的缺损情况、液压和润滑系统的缺损情况、安全防护装置的缺损情况以及其他需要说明的缺损情况。

2）主要修理内容。说明要解体、清洗和修换的部分，说明基准件、关键件的修理方法，说明必须仔细检查、调整的机构，治理水、油、气的泄漏，检查、修理、调整安全防护装置，修复外观的要求，结合修理进行预防性试验的要求，结合修理需要进行改善维修的内容，其他需要进行修理的内容，使用的典型修理工艺规程或专用修理工艺规程的资料编号。

3）修理质量要求。逐项说明应按哪些通用、专用修理质量标准检查和验收。

（三）修正与归档

设备解体检查后所确定的修理内容，一般不可能与修理任务书规定的内容完全相同。设备修理竣工后，应由主修人员将变更情况做出记录，附于修理技术任务书后，随同修理竣工验收单一起归档。

（四）修理技术任务书格式

设备修理技术任务书的格式见表7-14。

表7-14 修理技术任务书

第　页，共　页

使用单位		修理复杂系数（机/电）	
设备编号		修理类别	
设备名称		承修单位	
型号规格		施工令号	

设备修前技术状态：

第　页，共　页

主要修理内容：

第　页，共　页

修理质量要求：

批　准	审　核	使用单位设备员	主修技术人员

制表时间：　年　月　日

二、修换件明细表

（一）确定列入明细表的修换件的原则

1. 应列入修换件明细表的零件

1）需要铸、锻、焊接件毛坯的更换件。

2）制造周期长、精度高的更换件。

3）需要外购的大型零部件、如高精度滚动轴承、丝杠螺母副、液压元件、气动元件、密封件、链条、片式离合器的摩擦片等。

4）制造周期不长，但需要量大的零件。

5）采用修复技术在施工时修复的主要零件。

2. 下列零件不可列入修换件明细表

1）已列入本企业易损件、常备件目录的备件。

2）用型材和通用铸铁毛坯加工、工序少、修理施工时可临时制造而不影响工期的零件。

3）需要以毛坯或半成品形式准备的零件或需要成对（组）准备的零件，应在修换件明细表中说明。

4）对于流水线上的设备和重点设备、关键设备，当采用"部件修理法"可明显缩短停歇天数并获得良好的经济效益时，应考虑按部件准备。

（二）修换件明细表的格式

修换件明细表的格式见表 7-15。

表 7-15 设备修换件明细表

第 页，共 页

设备编号		设备名称						
型号规格		F（机/电）			修理类别			
序号	零件名称	图号、件号、标准号	材质	单位	数量	单价（元）	总价（元）	备注
编制人			本页费用小计					

制表时间： 年 月 日

三、材料明细表

设备修理常用材料品种有：

1）各种型钢。如圆钢、钢板、钢管、槽钢、工字钢、钢轨等。

2）有色金属型材。如铜管、铜板、铝合金管、铝合金板等。

3）电气材料。如电器元件、电线、电缆、绝缘材料等。

4）塑胶、塑料及石棉制品。

5）管道用保温材料。

6）砌炉用各种砌筑材料及保温材料。

7）润滑油脂。

8）其他直接用于设备修理的材料。

材料明细表的格式见表 7-16。

表 7-16 设备修理材料明细表

第 页，共 页

设备编号		设备名称						
型号规格		F（机/电）			修理类别			
序号	材料名称	标准号	材质	单位	数量	单价（元）	总价（元）	备注
编制人			本页费用小计					

制表时间： 年 月 日

四、修理工艺

修理工艺是设备修理时必须认真贯彻执行的修理技术文件。其中具体规定了设备的修理程序、零部件的修理方法、总装配试车的方法及技术要求等，以保证达到设备修理的质量标准。

（一）典型修理工艺与专用修理工艺

1）典型修理工艺是指对某一类型设备和结构形式相同的零部件通常出现的磨损情况编制的修理工艺，它具有普遍指导意义，但对某一具体设备则缺乏针对性。

2）专用修理工艺是指企业对某一型号的设备，针对其实际磨损情况，为该设备某次修理而编制的修理工艺。它对以后的修理仍具有较大的参考价值，应根据实际磨损情况和技术进步对其作必要的修改和补充。

（二）设备修理工艺的内容

设备大修理工艺一般应包括以下内容：

1）整机及部件的拆卸程序以及拆卸过程中应检测的数据和注意事项。

2）主要零部件的检查、修理工艺以及应达到的精度和技术条件。

3）部件装配程序、装配工艺以及应达到的精度和技术条件。

4）关键部位的调整工艺和应达到的技术条件。

5）需用的工、检、研具和量具、仪器的明细表。其中，专用具应注明。

6）试车程序及特别需要说明的对象。

7）施工中的安全措施等。

（三）注意事项

1. 编制时应注意的事项

1）编制修理工艺时，既要根据已掌握的修前缺损状况，也要考虑设备正常的磨损规律。

2）选择关键部位的修理工艺方案时，应考虑在保证修理质量的前提下力求缩短停歇天数和降低修理费用。

3）采用先进、适用的修复技术时，应从本企业技术装备和维修人员技术水平的实际出发。

4）尽量采用通用的工、检、研具，确有必要使用专用工、检、研具时，应及早发出其制造图样。

5）修理工艺文件宜多用图和表格的形式，力求简明。

2. 重视实践验证

1）设备解体检查后，发现修理工艺中有不切实际的应及时修改。

2）在修理过程中，注意观察修理工艺的效果，修复后做好总结，以不断提高。

第九节　设备修理的质量管理

设备修理的质量管理是指为了保证设备修理的质量，组织和协调有关职能部门和人员，采取组织、经济、技术措施，全面控制影响设备修理质量的各种因素所进行的一系列管理工作。只有对设备修理进行质量管理，才能保证和不断提高设备修理质量。

一、设备修理质量管理的工作内容

1）制定设备修理的质量标准。制定质量标准时，既要充分考虑技术工艺上的可行性，又要考虑经济上的合理性。

2）编制设备修理的工艺。它是保证提高修理质量、缩短停歇时间、降低修理成本的有效手段。在编制修理工艺时，应尽可能采用国内外的有效技术。

3）设备修理质量的检验和评定工作。它是保证设备修理后达到规定标准并且有较好可靠性的重要环节。因此，企业必须建立设备修理质量检验组织，按图样、工艺技术标准，对外购件和自制备件、修理质量和装配质量、修后精度和性能进行严格检验，并做好记录和质量评定工作。

4）加强修理过程中的质量管理。认真贯彻修理工艺方案，对关键工序建立质量控制点和开展群众性的质量管理小组活动。

5）开展修后用户服务和质量信息反馈工作。应建立用户访问制度，定期进行用户访问，认真听取意见。对质量返修和用户提供的质量信息反馈要进行分析，进一步制订提高修理质量的技术、经济、组织措施，逐步提高设备的修理质量和经济效益。

6）加强业务技术培训工作，不断提高设备修理管理水平和技术水平。

二、设备修理的质量保证体系

为了提高设备修理质量，必须建立健全设备修理的质量保证体系。设备维修的计划管理、备件管理、生产管理、技术管理、财务管理、修理材料供应等，均从不同角度影响着设备修理质量。从系统的观点看，它们是一个有机的整体，把各方面管理工作组织协调起来，建立健全管理制度、工作标准、工作流程、考核办法等，形成设备修理质量保证体系，以保证设备修理质量并不断提高修理质量水平。

按照全面质量管理的观点，应建立质量保证体系，质量保证体系是为了保证设备修理质量达到要求，把组织机构、职责和权限、工作方法和程序、技术力量和业务活动、资金和资源信息等协调统一起来，形成一个有机整体。

设备修理质量保证体系的要素：①质量方针和目标。②质量体系的各级职责及权限。③企业设备修理计划和对外承修的合同。④设备修理的工作流程（从制定计划至完工验收）及工作标准。⑤修理技术文件（包括质量标准）的制定与审核。⑥物资采购程序。⑦检测仪器及量具的控制。⑧修理过程的质量控制。⑨不合格品控制。⑩工序及修理完工的整机验收与试验。⑪合同、计划、技术文件的更改控制。⑫认证的申请与执行。⑬质量记录及提供质量文件的程序。⑭竣工验收程序及文件。⑮竣工验收后的用户服务。⑯质量成本控制。⑰质量信息的收集、加工和分析。⑱培训。

三、设备修理质量的检验

设备修理完工后，必须进行检验与鉴定。设备修理质量检验工作是保证设备修后达到规定质量标准，尽量减少返修的重要环节。检验与鉴定是根据设备修理验收通用技术要求和修理工艺规程，采用试车、测量等方法，对修后设备的质量特性与规定要求做出判定。企业应有设备修理质量的检验与鉴定的班子，按照图样、工艺及机械修理质量标准对零件、部件及整机质量严格检验，并认真做好设备修理质量鉴定工作。

(一) 修理质量检验的班子

大、中型企业应成立设备修理质量检验小组，小型企业根据情况可设专职或兼职检验员，它们应归企业质量检验部门领导，也可以由总机械师和设备动力部门领导。

动力设备较多的企业，可在设备管理部门内设置电工、热工试验组，负责动力设备修理质量的检验工作。

质量检验人员应熟悉机械零件、部件及整机检验、设备维修的技术知识和技能，在工作中严格把好"质量关"，避免不合格的零、部件装配，整机检验时严格按要求进行。

(二) 设备修理质量检验的主要内容

1) 自制备件和修复零件的工序质量检验和终检。

2) 外购备件、材料的入库检验。

3) 设备修理过程中的零部件和装配质量检验。

4) 修理后的外观、试车、精度及性能检验。

第十节　设备维修用量具和检具的管理

机械制造行业设备维修用量、检具及仪器主要有以下三类：①机床检验用量、检具。②状态监测及诊断用仪器。③热工及电力检测用量仪。

一、设备维修用量具、检具管理的主要工作内容

1) 根据本企业设备构成情况和自己承修的设备范围，合理地选择和配备通用量、检具以及仪器的品种、精度和数量。

2) 按设备修理计划要求，及时办理修理专用工具的订货，以保证修理工作的需要。

3) 建立管理制度和组织机构，做到正确保管、定期检定和维修，以及时向使用部门提供合格的量具、检具。

二、选择和配备通用量具、检具的原则

1) 根据本企业主要生产设备构成的品种、规格和数量，选择经常使用的量具、检具及仪器，编制量、检具分类明细表，结合设备维修的实际需要陆续购置。

2) 所用量具的测量范围，以满足大部分设备维修检测及备件制造的需要为原则。对于价格昂贵且本企业不经常使用的量具、检具及仪器，可向外企业租用或外委检测，以节约资金。

3) 选用量具的精度等级（即量具的测量极限误差），应根据被测设备或零件所容许的公差决定。

三、量、检具室及管理制度

（一）量、检具室

量、检具室是存放和保管各类量具、检具及仪器的专门地点，一般由机、电修车间集中管理。量、检具室应配备专职人员负责，量、检具室的温度和湿度应适当控制，量、检具室应有相应的工具架和搬运设施。

（二）管理制度

1) 严格执行入库手续，凡新购置或制造的量、检具及仪器入库时，必须随带合格证和必要的检定记录，入库后应及时涂油防锈。

2) 建立借用和租用管理办法。

3) 高精度仪器、量具应由经过培训的人员使用。

4) 对借出的量、检具，归还时必须仔细检查有无损伤，如发现异常，应经检定合格后方可再借出使用。

5) 按技术规定，定期将各类量、检具送计量部门检定，不合格者须经修理并检定合格后方可借出使用。对变形、磨损严重，无修复价值的量、检具，经有关技术人员检定、主管领导批准后报废，并应及时更新。

6) 建立维护保养制度，经常保持量、检具清洁、防锈，合理放置，以防锈蚀和变形。

7) 建立量、检具和仪器账卡，定期（至少每年一次）清点，做到账、卡、物一致，如发现丢失，应及时报告主管领导查处。

思 考 题

7-1　设备修理的含义是什么？修理类别有哪些？

7-2　什么是修理周期、修理间隔期、修理周期结构？

7-3　年度、季度、月份修理计划之间有何关系？

7-4　修理计划的编制依据是什么？

7-5　设备修前要做哪些技术准备？

7-6　预检的主要内容有哪些？

7-7　设备修理计划的实施，应注意抓好哪些环节？

7-8　什么是设备修理复杂系数？它有哪些主要用途？

7-9　什么是修理工时定额、设备修理停歇时间定额？

7-10　图样管理需注意哪些环节？

7-11　设备修理技术文件主要有哪些？

7-12　修理任务书的主要内容有哪些？

7-13　什么是设备修理的质量管理？

7-14　设备修理质量管理的工作内容主要有哪些？

第八章

备件的管理

第一节 概 述

一、备件及备件管理

在设备维修工作中，为了恢复设备的性能和精度，需要用新制的或修复的零部件来更换磨损的旧件，通常把这种新制的或修复的零部件称为配件。为了缩短修理停歇时间，减少停机损失，对某些形状复杂、要求高、加工困难、生产（或订购）周期长的配件，在仓库内预先储备一定数量，这种配件称为备品，总称为备品配件，简称备件。

备件管理是指备件的计划、生产、订货、供应、储备的组织与管理，它是设备维修资源管理的主要内容。

备件管理是维修活动的重要组成部分，只有科学合理地储备与供应备件，才能使设备的维修任务完成得既经济又能保证进度。否则，如果备件储备过多，会造成积压，增加库房的占用，增加保管费用，影响企业流动资金周转，增加产品成本；储备过少，就会影响备件的及时供应，妨碍设备的修理进度，延长停歇时间，使企业的生产活动和经济效益遭受损失。因此，如何做到合理储备是备件管理工作要研究的主要课题。

二、备件的范围

1）所有的维修用配套产品，如滚动轴承、传动带、链条、继电器、低压电器开关、热元件、皮碗、油封等。

2）设备结构中传递主要负荷的零件、负荷较重的零件、结构又较薄弱的零件。

3）保持设备精度的主要运动件。

4）特殊、稀有、精密设备的一切更换件。

5）因设备结构不良而产生不正常损坏或经常发生事故的零件。

6）设备或备件本身因受热、受压、受冲击、受摩擦、受交变载荷而易损坏的一切零部件。

库存备件应与设备、低值易耗品、材料、工具等区分开来。但是，少数物资也难于准确划分，各企业的划分标准也不相同。只能在方便管理和领用的前提下，根据企业的实际情况确定。

三、备件的分类

备件的分类方法很多，下面主要介绍五种常用的分类方法。

1. 按备件的精度和制造工艺的复杂程度分类

（1）关键件　通常是指精密主轴（或镗杆、钻杆、镜面轴）、螺旋锥齿轮、6 级精度以上的齿轮、丝杠、精密蜗杆副、精密内圆磨具、2m 或 2m 以上的长丝杠等。

（2）一般件　除上述七类关键件以外的其他机械备件。

2. 按备件传递的能量分类

（1）机械备件　通常指在设备中通过机械传动传递能量的备件。

（2）电气配件　通常指在设备中通过电气方式传递能量的备件，如电动机、电器、电子元件等。

3. 按备件的来源分类

（1）自制备件　通常指企业自行加工制造的专用零件。

（2）外购备件　通常指设备制造厂生产的标准产品零件，这些产品均有国家标准或有具体的型号规格，有广泛的通用性。这些备件通常由设备制造厂和专门的备件制造厂生产和供应。

4. 按备件的制造材料分

（1）金属件　通常指用黑色和有色金属材料制造的备件。

（2）非金属件　通常指用非金属材料制造的备件。

5. 按零件使用特性（或在库时间）**分类**

（1）常备件　指使用频率高的、设备停机损失大的、单价比较便宜的需经常保持一定储备量的零件，如易损件、消耗量大的配套零件、关键设备的保险储备件等。

（2）非常备件　指使用频率低、停机损失小和单价昂贵的零件。

四、备件管理的目标和任务

1. 备件管理的目标

备件管理的目标是在保证提供设备维修需要的备件，提高设备的使用可靠性、维修性和经济性的前提下，尽量减少备件资金，也就是要求做到以下四点：

1）把设备计划修理的停歇时间和修理费用减少到最低程度。

2）把设备突发故障所造成的生产停工损失减少到最低限度。

3）把备件储备压缩到合理供应的最低水平。

4）把备件的采购、制造和保管费用压缩到最低水平。

2. 备件管理的主要任务

1）及时供应维修人员所需的合格备件。为此，必须建立相应的备件管理机构和必要的设施，科学合理地确定备件的储备形式、品种和定额，做好保管供应工作。

2）重点做好关键设备的备件供应工作，保证其正常运行，尽量减少停机损失。

3）做好备件使用情况的信息收集和反馈工作。备件管理人员和维修人员要经常收集备件使用中的质量、经济信息，并将其及时反馈给备件技术人员，以便改进备件的使用性能。

4）在保证备件供应的前提下，尽量减少备件的储备资金。影响备件管理成本的因素有：备件资金占用率、库房占用面积、管理人员数量、备件制造采购质量和价格、库存损失等。因此，应努力做好备件的计划、生产、采购、供应、保管等工作，压缩储备资金，降低备件管理成本。

五、备件管理的工作内容

备件所涉及的范围广、品种多，制造、供应以及使用的周期差别大，所以备件管理工作是以技术管理为基础，以经济效果为目标的管理。其内容按性质分类如下：

（1）备件的技术管理　备件的技术管理内容包括：对备件图样的收集、积累、测绘、整理、复制、核对，备件图册的编制；各类备件统计卡片和储备定额等技术资料的设计、编制及备件卡的编制工作。

（2）备件的计划管理　备件的计划管理是指由提出外购、外协计划和自制计划开始，直至入库为止这一段时间的工作内容，可分为：①年、季、月度自制备件计划。②外购备件的年度及分批计划。③铸、锻毛坯件的需要量申请、制造计划。④备件零星采购和加工计划。⑤备件的修复计划。

（3）备件的库存控制　备件的库存控制包括库存量的研究与控制；最小储备量、订货点以及最大储备量的确定等。

（4）备件的经济管理　备件的经济管理内容有：备件库存资金的核定、出入库账目管理、备件成本的审定、备件的耗用量、资金定额及周转率的统计分析和控制、备件消耗统计、备件各项经济指标的统计分析等。

（5）备件的库房管理　备件的库房管理是指备件入库到发出这一阶段的库存管理工作。包括备件入库时的检查、清洗、涂油防锈、包装、登记入账、上架存放；备件的收、发，库房的清洁与安全；备件质量信息的收集等。

备件管理工作流程如图 8-1 所示。

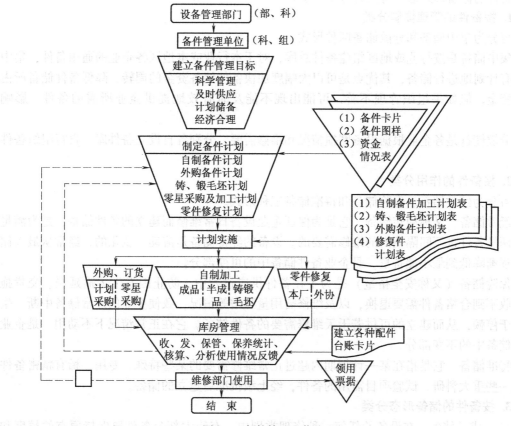

图8-1　备件管理工作流程

第二节　备件的技术管理

备件的技术管理工作应主要由备件技术人员来做，其工作内容为编制、积累备件管理的基础资料。通过这些资料的积累、补充和完善，掌握备件的需求，预测备件的消耗量，确定比较合理的备件储备定额、储备形式，为备件的生产、采购、库存提供科学、合理的依据。

本节主要讲解备件的储备原则、储备形式、储备定额等内容。

一、备件的储备原则

1）使用期限不超过设备修理间隔期的全部易损零件。

2）使用期限大于修理间隔期，但同类型设备多的零件。

3）生产周期长的大型、复杂的锻、铸零件（如带内花键的齿轮、锤杆、锤头等）。

4）需外厂协作制造的零件和需外购的标准件（如V带、链条、滚动轴承、电器元件以及需向外订货的配件、成品件等）。

5）重、专、精、动设备和关键设备的重要配件。

二、备件的储备形式

备件的储备形式通常有三种分类方法。

1. 按备件的管理体制分类

可分为集中储备和分散储备两种形式。

集中储备是按行业或地区组建备件总库，对于本行业或本地区各企业的通用备件，集中统一有计划地进行储备，其优点是可以大幅度加快备件储备资金的周转，降低备件储备所占用的资金。但如果组织管理不善，可能出现不能及时有效地提供企业所需的备件，影响生产。

分散储备是各企业根据设备磨损情况和维修需要，分别各自设立备件库，自行组织备件储备。

2. 按备件的作用分类

可分为经常储备、保险储备和特准储备三种形式。

经常储备，又称周转储备。它是为保证企业设备日常维修而建立的备件储备，是为满足前后两批备件进厂间隔期内的维修需要的。设备的经常储备是流动、变化的，经常从最大储备量逐渐降低到最小储备量，是企业备件储备中的可变部分。

保险储备（又称安全裕量）是为了在备件供应过程中，防止因发生运输延误、交货拖欠、收不到合格备件需要退换，以及维修需用量猛增等情况，致使企业的经常储备中断、生产陷于停顿，从而建立的可供若干天维修需要的备件储备。它在正常情况下不动用，是企业备件储备中的不变部分。

特准储备，它是指在某一计划期内超过正常维修需要的某些特殊、专用、稀有精密备件以及一些重大科研、试验项目需用的备件，经上级批准后建立的储备。

3. 按备件的储备形态分类

（1）成品储备　在设备的任何一种修理类别中，有绝大部分备件要保持原有的精度和尺寸,在安装时不需要再进行任何加工的零件,可采用成品储备的形式进行储备。

(2)半成品储备　有些零件需留有一定的修配余量,以便在设备修理时进行修配或作尺寸链的补偿。对这些零件来说,可采用半成品储备的形式进行储备。

(3)毛坯储备　对某些机加工工作量不大的以及难以决定加工尺寸的铸锻件和特殊材料的零件,可采用毛坯储备的形式进行储备。

(4)成对(成套)储备　为了保证备件的传动精度和配合精度,有些备件必须成对(成套)制造和成对(成套)使用,对这些零件来说,宜采用成对(成套)储备的形式进行储备。

(5)部件储备　对于生产线(流水线、自动线)上的关键设备的主要部件,或制造工艺复杂、精度要求高、修理时间长、设备停机修理综合损失大的部件,以及拥有量很多的通用标准部件,可采用部件储备的形式进行储备。

三、备件的储备定额

1. 备件储备定额的构成

备件的储备量随时间的变化规律,可用图8-2描述。当时间为0时,储备量为Q,随着时间推移,备件陆续被领用,储备量逐渐递减;当储备量递减至订货点Q_d时,采购人员以Q_p批量去订购备件,并要求在T时间段内到货;当储备量降至Q_{min}时,新订购的备件入库,备件储备量增至Q_{max},从而走完一个"波浪",又开始走一个新"波浪"。因此,备件储备定额包括:最大储备量Q_{max}、最小储备量Q_{min}、每次订货的经济批量Q_p、订货点Q_d。

因为备件储备量的实际变化情况不会像图8-2那样有规律(图8-3),所以必须有一个最小储备量,以供不测之需。最小储备量定得越高,发生缺货的可能性越小,反之,发生缺货的可能性越大。因此,最小储备量实际上是保险储备。

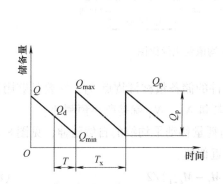

图8-2　通常情况下备件储备量变化规律

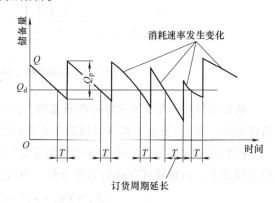

图8-3　实际备件储备量变化情况

最小储备量在正常情况下是闲置的,企业还要为它付出储备流动资金及持有费用。但又不能盲目降低最小储备量,否则可能发生备件缺货。要得到合适的最小储备量,就要对未来备件消耗量做出准确预测。

2. 预测备件消耗量

某备件的消耗量见表8-1。

表 8-1 备件消耗量表

时间	第 1 天	第 2 天	第 3 天	…	第 n 天	n+1 天	n+2 天	…	t-2 天	t-1 天	第 t 天
消耗量	N_1	N_2	N_3	…	N_n	N_{n+1}	N_{n+2}	…	N_{t-2}	N_{t-1}	N_t

由于备件每天的消耗量具有偶然性，导致统计数据随机波动，这里采用移动平均法消除数据随机波动的影响，取移动期数为 n。n 的大小要合理选择，n 越大，消除随机波动的效果越好，但对数据最新变化的反映就越迟钝。为简化预测公式，推荐 n 取订货周期 T 的整倍数，在此取 $n = T$。

第 n 天的备件消耗量移动平均值：$M_n = (N_1 + N_2 + N_3 + \cdots + N_n)/n$，第 $n+1$ 天的备件消耗量移动平均值：$M_{n+1} = (nM_n + N_{n+1} - N_1)/n$，第 $n+2$ 天的备件消耗量移动平均值：$M_{n+2} = (nM_{n+1} + N_{n+2} - N_2)/n$，依次类推，第 t 天的备件消耗量移动平均值

$$M_t = (nM_{t-1} + N_t - N_{t-n})/n \tag{8-1}$$

式（8-1）还可写成

$$M_t - M_{t-1} = (N_t - N_{t-n})/n \tag{8-2}$$

或者

$$M_t - M_{t-1} = (N_t - N_{t-n})/T \tag{8-3}$$

将备件消耗量移动平均值与时间的关系绘成二维曲线图（见图 8-4 中的实线部分）。从图 8-4 中，我们可以找出备件消耗的变化规律，从而预测备件消耗趋势。

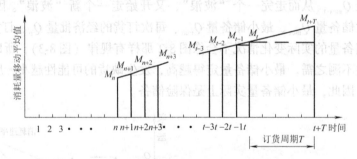

图 8-4 备消件耗量移动平均值变化规律图

假设备件用到第 t 天就要订购新备件。此时备件的储备量称订货点 Q_d，它要足够用到新备件进库，即 Q_d 要大于在订货周期 T 内备件的消耗量 N_H。N_H 就是所要预测的。

再假设未来的备件消耗量移动平均线是以往消耗量移动平均线的自然延伸，见图 8-4 中的虚线部分。对虚线部分进行数学分析，得 N_H 的近似值

$$N_H = TM_t + T(1 + T)(M_t - M_{t-1})/2 \tag{8-4}$$

将式（8-3）代入式（8-4）得

$$N_H = TM_t + (1 + T)(N_t - N_{t-n})/2 \tag{8-5}$$

式（8-5）就是在订货周期内备件消耗量的预测公式，适用于对生产比较均衡的设备的备件进行预测。

3. 备件储备定额的确定

确定备件订货点应以订货周期内备件消耗量预测值为依据，要求订货点储备量必须足够

用到新备件进库，即订货点 Q_d 大于订货周期内备件消耗量 N_H。

备件订货点

$$Q_d = K N_H \tag{8-6}$$

式中　K——保险系数，一般取 $K = 1.5 \sim 2$；

　　　N_H——订货周期内备件消耗量预测值。

备件的最小储备量

$$Q_{min} = (K - 1) N_H \tag{8-7}$$

备件订货的经济批量

$$Q_p = \sqrt{2NF/IC} \tag{8-8}$$

式中　N——备件的年度消耗量；

　　　F——每次订货的订购费用；

　　　I——年度的持有费率（以库存备件金额的百分率来表示）；

　　　C——备件的单价。

备件的最大储备量

$$Q_{max} = Q_{min} + Q_p \tag{8-9}$$

例 8-1　某厂有 2 台啤酒装箱机和 2 台卸箱机，它们都使用同一种备件——夹瓶罩（橡胶制品）。夹瓶罩的单价为 1 元，年持有费率为 20%，2017 年年消耗量为 522 件，2018 年 7 月份的日消耗量见表 8-2，夹瓶罩用到 7 月 31 日就要订货，订货周期为 30 天，每次订购费为 20 元。试预测夹瓶罩在订货周期内的消耗量，并计算夹瓶罩的储备定额。

表 8-2　夹瓶罩 7 月份日消耗量

日　　期	7月1日	2	3	4	5	6	7	8	9	10	11
消耗量	3	3	3	4	4	5	3	4	4	4	5
移动平均值											
日　　期	12	13	14	15	16	17	18	19	20	21	22
消耗量	5	2	4	4	4	6	3	4	4	3	2
移动平均值											
日　　期	23	24	25	26	27	28	29	30	31		
消耗量	7	5	3	3	4	4	4	3	4		
移动平均值								2.9	2.97		

解：取移动期数 $n = T = 30$，求 7 月 31 日（$t = 31$）的备件消耗量移动平均值

$$M_{31} = 2.97 \text{ 件}$$

订货周期 30 天内备件消耗量的预测值

$$N_H = TM_t + (1 + T)(N_t - N_{t-n})/2 = [30 \times 2.97 + (1 + 30)(4 - 3)/2] \text{ 件} \approx 105 \text{ 件}$$

备件订货点

$$Q_d = K N_H = 1.7 \times 105 \text{ 件} \approx 179 \text{ 件}　（K 取 1.7）$$

最小储备量

$$Q_{min} = (K - 1) N_H = (1.7 - 1) \times 105 \text{ 件} \approx 74 \text{ 件}$$

备件订货的经济批量

$$Q_p = \sqrt{2NF/IC} = \sqrt{2 \times 522 \times 20/(0.2 \times 1)}\text{件} \approx 323\text{ 件}$$

最大储备量

$$Q_{\max} = Q_{\min} + Q_p = (74 + 323)\text{件} = 397\text{ 件}$$

第三节　备件的计划管理

一、备件计划的分类

1. 按备件的来源分类

一般可分为以下两类：① 自制备件生产计划，包括产品、半成品计划，铸锻件毛坯计划、修复件计划等。② 外购备件采购计划，又可分为国内备件采购计划与国外备件采购计划。

2. 按备件的计划时间分类

可分为年度备件生产计划、季度备件生产计划和月度备件生产计划。

二、编制备件计划的依据

1）年度设备修理需要的零件。以年度设备修理计划和修前编制的更换件明细表为依据，由承维修部门提前 3~6 个月提出申请计划。

2）各类零件统计汇总表。包括：①备件库存量。②库存备件领用、入库动态表。③备件最低储备量的补缺件。由备件库根据现有的储备量及储备定额，按规定时间及时申报。

3）定期维护和日常维护用备件。由车间设备员根据设备运转和备件状况，提前 3 个月提出制造计划。

4）本企业的年度生产计划及机修车间、备件生产车间的生产能力、材料供应等情况分析。

5）本企业备件历史消耗记录和设备开动率。

6）临时补缺件。设备在大修、项修及定期维护时，临时发现需要更换的零件，以及已制成和购置的零件不适用或损坏的急件。

7）本地区备件生产、协作供应情况。

三、备件生产的组织程序

1）备件管理员根据年、季、月度备件生产计划与备件技术员进行备件图样、材料、毛坯及有关资料的准备。

2）备件技术员（或设计组）根据已有的备件图册提供备件生产图样（如没有备件图册应及时测绘制图，审核归入备件图册），并编制出加工工艺卡片一式二份，一份交备件管理员，一份留存。工艺卡中应规定零件的生产工序、工艺要求、工时定额等。

3）备件管理员接工艺卡后，将图样、工艺卡、材料领用单交机修车间调度员，以便及时组织生产。

4）对于本单位无能力加工的工序，由备件外协员迅速落实外协加工。

5）各道工序加工完毕后，经检验员和备件技术员共同验收，合格后开备件入库单并送交备件库。

四、外购件的订购形式

凡设备制造厂可供应的备件或有专业工厂生产的备件，一般都应申请外购或订货。根据物资的供应情况，外购件的申请订购一般可分为集中订货、就地供应、直接订货三种形式。

（1）集中订货　对国家统配物资，各厂应根据备件申请计划，按规定的订货时间，参加订货会议。在签订的合同上要详细注明主机型号、出厂日期、出厂编号、备件名称、备件件号、备件订货量、备件质量要求和交货日期等。

（2）就地供应　一些通用件大部分由企业根据备件计划在市场上或通过机电公司进行采购。但应随时了解市场供应动态，以免发生由于这类备件供应不及时而影响生产正常进行的情况。

（3）直接订货　对于一些专业性较强的备件和不参加集中订货会议的备件，可直接与生产厂家联系函购或上门订货，其订货手续与集中订货相同。对于一些周期性生产的备件、以销定产的专机备件和主机厂已定为淘汰机型的精密关键件，应特别注意及时订购，避免疏忽漏报。

第四节　备件的库存管理

一、备件库的建立

为适应备件管理工作的要求，应根据生产设备的原值建立备件库。一般要求原值100万元以上（不含100万元）的企业，应单独建立备件库，在设备管理部门领导下做好对备件的储备、保管、领用等工作。对生产设备原值在100万元以下（含100万元）的企业，可不单独建立备件库，由厂仓库兼管，但备件的存放、账卡必须分开，同时应按期将各类备件的储备量、领用数上报设备管理部门。

二、备件库的管理

1. 对备件库的要求

1）备件库应符合一般仓库的技术要求，做到干燥、通风、明亮、无尘、无腐蚀气体，有防汛、防火、防盗设施等。

2）备件库的面积，应根据各企业对备件范围的划分和管理形式自定，一般按每个设备修理复杂系数 $0.01 \sim 0.04\text{m}^2$ 参考选择。

3）备件库除配备办公桌、资料柜、货架、吊架外，还应配备简单的检验工具、拆箱工具、去污防锈材料和涂油设施、手推车等运输工具。

2. 备件的分级管理

根据企业的大小和备件的特性，备件可集中管理，也可分级管理。分级管理的范围和方法，应根据实际情况，本着便于领用和资金核算的原则，由备件管理员与车间机械员商量，制订两级管理的方法、储备品种、领用手续等细则，报设备科长批准执行。但无论是集中管理还是分级管理，都必须由备件管理员负责，以便合理储备、保管，避免积压，加速资金周转。

3. 备件的入库和保管

1）有申请计划并已被列入备件生产计划的备件方能入库。计划外的零件须经设备科长和备件管理员批准方能入库。

2）自制备件必须由检验员按图样规定的技术要求检验合格后填写入库单入库。外购件必须附有合格证并经入库前复验，填写入库单后入库。

3）备件入库后应登记入账，涂油防锈，挂上标签，并按设备属性、型号，分类存放，便于查找。

4）入库备件必须保管好，维护好，入库的备件应根据备件的特点进行存放，对细长轴类备件应垂直悬挂，一般备件也不要堆放过高，以免零件压裂或产生磕痕、变形等。

5）备件管理工作要做到三清（规格、数量、材质）、两整齐（库容、码放）、三一致（账、卡、物）、四定位（区、架、层、号），定期盘点（每年盘点1~2次），定期清洗维护。做好梅雨季节的防潮工作，防止备件锈蚀。

4. 备件的领用

1）备件领用一律实行以旧换新，由领用人填写领用单，注明用途、名称、数量，以便对维修费用进行统计核算，按各厂规定执行领用的审批手续。

2）对大、中修中需要预先领用的备件，应根据批准的备件更换清单领用，在大、中修结束时一次性结算，并将所有旧料如数交库。

3）支援外厂的备件必须经过设备科长批准后方可办理出库手续。

5. 备件的处理

备件管理员应经常了解设备情况，凡符合下列条件之一的备件，应及时予以处理，办理注销手续：

1）设备已报废，厂内已无同类型设备。

2）设备已改造，剩余备件无法利用。

3）设备已调拨，而备件未随机调拨，本厂又无同型号设备。

4）由于制造质量和保管不善而无法使用，且无修复价值（经备件管理员组织有关技术人员鉴定），报有关部门批准。但同时还必须制订出防范措施，以防类似事件的重复发生。

对于前三种原因需处理的备件，应尽量调剂，回收资金。

第五节   备件的经济管理

备件的经济管理工作，主要是备件库存资金的核定、出入库账目的管理、备件成本的审定、备件消耗统计、备件各项经济指标的统计分析等。经济管理贯穿于设备备件管理工作的全过程。

一、备件资金的来源和占用范围

备件资金来源于企业的流动资金，各企业按照一定的核算方法确定，并有规定的储备资金限额。因此，备件的储备资金只能由属于备件范围内的物资占用。

二、备件资金的核算方法

备件储备资金的核定，原则上应与企业的规模、生产实际情况相联系。影响备件储备资金的因素较多，目前还没有一个合理、通用的核定方法，因而缺乏可比性。核定企业备件储备资金定额的方法一般有以下几种：

1) 按备件卡上规定的储备定额核算。这种方法的合理程度取决于备件卡的准确性和科学性，缺乏企业间的可比性。

2) 按照设备原购置总值的 2%～3% 估算。这种方法只要知道设备固定资产原值就可算出备件储备资金，计算简单，也便于企业间比较，但核定的资金指标偏于笼统，与企业设备运转中的情况联系较差。

3) 按照典型设备推算确定。这种方法计算简单，但准确性差，设备和备件储备品种较少的小型企业可采用这种方法，并在实践中逐步修订完善。

4) 根据上年度的备件储备金额，结合上年度的备件消耗金额及本年度的设备维修计划，企业自己确定本年度的储备资金定额。

5) 用本年度的备件消耗金额乘预计的资金周转期，并进行适当修正后确定下年度的备件储备金额。

三、备件经济管理考核指标

1) 备件储备资金定额。它是企业财务部门对设备管理部门规定的备件库存资金限额。

2) 备件资金周转期。在企业中，减少备件资金的占用和加速周转具有很高的经济效益，备件资金周转期是反映企业备件管理水平的重要经济指标，其计算方法为

$$备件资金周转期(年) = \frac{年平均库存金额}{年消耗金额}$$

备件资金周转期一般为 1.5 年左右，应不断压缩。若周转期过长造成占用资金过多，企业就应对备件卡上的储备品种和数量进行分析、修正。

3) 备件库存资金周转率。它是用来衡量库存备件占用的资金实际上满足设备维修需要的效率。其计算公式为

$$备件库存资金周转率 = \frac{年备件消耗总额}{年平均库存金额} \times 100\%$$

4) 备件资金占用率。它用来衡量备件储备占用资金的合理程度，以便控制备件储备的资金占用量。其计算公式为

$$备件资金占用率 = \frac{备件储备资金总额}{设备原购置总值} \times 100\%$$

5) 资金周转加速率

$$资金周转加速率 = \frac{上期资金周转率 - 本期资金周转率}{上期资金周转率} \times 100\%$$

为了反映考核年度备件技术经济指标的动态变化，备件库内每个备件都应填报年度备件主要技术经济指标动态表（表8-3）。

表8-3　年度备件库主要技术经济指标动态表　　　　　　　　(元)

年份	年初库存	收　入				发　出				期末库存	全年消耗量	周转率(%)	周加速转率(%)
		外购	自制	其他	合计	领用	外拨	其他	合计				

第六节　备件管理的信息化

一、ABC管理法在备件管理中的应用

备件的ABC管理法，是物资管理中ABC分类控制在备件管理中的应用。它是根据备件的品种规格、占用资金和各类备件库存时间、价格差异等因素，采用必要的分类原则而实行的库存管理办法。

(1) A类备件　其在企业的全部备件中品种少，占全部品种的10%～15%，但占用的资金数额大，一般占用备件全部资金的80%左右。对于A类备件必须严加控制，利用储备理论确定适当的储备量，尽量缩短订货周期，增加采购次数，以加速备件储备资金的周转。

(2) B类备件　其品种比A类备件多，占全部品种的20%～30%，占用的资金比A类少，一般占用备件全部资金的15%左右。对B类备件的储备可适当控制，根据维修的需要，可适当延长订货周期、减少采购次数，做到两者兼顾。

(3) C类备件　其品种很多，占全部品种的60%～65%，但占用的资金很少，一般仅占备件全部资金的5%左右。对C类备件，根据维修的需要，储备量可大一些，订货周期可长一些。

究竟什么备件储备多少，科学的方法是按储备理论进行定量计算。ABC分类法仅作为一种备件的分类方法，以确定备件管理重点。在通常情况下，应把主要工作放到A类和B类备件的管理上。

二、计算机备件管理信息系统

用计算机进行备件管理，不仅可建立企业备件总台账，从而减小日常记录、统计、报表的工作量，更重要的是可以随时查询并及时提供备件储备量和资金变动等信息，为备件计划管理、技术管理和经济管理提供可靠的依据，在保证供应的前提下实现备件的经济合理储备。

1. 建立计算机备件管理信息系统应注意的问题

1) 在设计系统时，必须站在设备综合管理的高度，将备件管理信息系统视为设备综合管理信息系统的子系统之一，应考虑与设备资产管理、故障管理、维修管理信息系统的协调，具体程序中名称符号的统一，数据共享等因素。

2) 应着眼于备件动态管理，备件明细表中所列项目应全面考虑动态管理的需要，如ABC分类法的应用、各类备件使用规律、经济合理的备件储备量研究、缩短备件资金周转的途径等。

2. 建立计算机辅助备件管理信息系统的准备工作

1）加强备件管理基础工作，建立备件"五定"管理（"五定"的内容：①定储备品种和储备性质。②定货源和订货周期。③定最大、最小储备量。④定订货点和订货量。⑤定储备资金限额和平均周转期。）、四号定位、五五码放等，健全并编制备件管理的各种统计报表、卡片、单据等，以便科学、准确、全面地收集各种信息数据并输入计算机。

2）对所有备件进行编号，每种备件都有两个编号：流水编号和计算机识别号。

备件的流水编号按备件入账的先后顺序进行编号，每种备件的流水编号是唯一的，一个流水编号代表一种备件。

备件的计算机识别号中含有"使用部门信息""所属设备信息""备件图号或件号信息"等，供计算机对备件进行统计、分类、汇总、排序使用。

3）在领料单据中增加一项备件流水编号，供领用时填写。

3. 计算机辅助备件管理的主要功能

1）备件管理信息的计算机查询、输出。

2）调用备件管理数据库的数据，打印下列报表：①备件库存总台账。②备件进、出库台账。③备件标签。④按设备顺序编制的"备件名称与流水编号对照表"，供维修人员、备件管理员、备件库保管员使用，以方便备件的识别、自制、订购、管理、领用。⑤给财务部门的经济指标报表。⑥季度分类统计报表。⑦备件计划月报表。⑧备件加工计划月报表。⑨备件采购计划月报表。⑩备件库存月报表。

这些报表由于全部调用备件管理数据库的数据打印，因此可杜绝人工抄写产生的数据错误，实现账、签、物统一。

3）计算机辅助备件管理还能计算下列内容：①旧账结算清理。②计算消耗金额。③计算平均储备金额。④计算储备资金周转期。

思 考 题

8-1 备件及备件管理的含义是什么？

8-2 备件管理的目标和任务是什么？

8-3 备件的范围是什么？

8-4 按备件的储备形态来分，备件的储备形式有哪些？

8-5 备件储备定额包括哪些？

8-6 简述在备件管理中，怎样采用 A、B、C 管理法。

8-7 在备件经济管理中，主要考核哪些指标？

第九章

动力设备与能源管理

动力设备在工业生产活动中虽属辅助和服务性质，但占有特殊而重要的地位。它关系到企业生产的机械化、自动化水平的提高，关系到生产能否顺利而不间断地进行。企业动力设备在总固定资产中一般占 15%~25%，动力费占生产成本的 5%~10%。因此，动力设备管理工作具有特殊重要的意义，管理得好，必将对于企业挖潜、节能、增产、降低成本、提高经济效益等有明显的促进作用。

动力设备管理的范围一般包括三个环节：

（1）生产部分　动力发生装置和变换装置，如锅炉、煤气、氧气、乙炔、压缩空气站、泵站、热交换器、一次配变电所等。

（2）传输和分配部分　全厂的电网及动力管道和分配装置，二次配变电设备等。

（3）消费部分　生产车间的设备、辅助生产设施、生产设施等。

在以上三个环节中，能量的储存量是有限的，有的根本不能储存，如电、蒸汽、压缩空气等。因此，能量的生产和消费不仅在时间上是一致的，而且在数量上也是相等的（生产和消费之间的量差是输配损失），这样就显示了它的联系性。不仅如此，动力设备强调高度的可靠性和安全性，如主要的动力设备均属特种设备，在安全技术方面有特殊要求。因此，在管理工作中必须把动力设备运行的安全可靠置于首位。

评价动力设备管理工作的优劣，主要看上述三个环节是否安全可靠、不间断和经济地运行。

动力设备管理工作的基本任务，主要是针对动力设备在生产过程中发生的实物形态和价值形态的变化，采取一系列技术经济和组织管理措施，搞好保养和修理，保持其良好的技术状态；在保证安全、可靠运行的前提下，实现动力设备寿命周期费用最经济和综合效益最高的目标，更好地为企业生产经营服务。具体任务表现在以下几个方面：

1）保证动力设备可靠地供应动力。

2）节约燃料和能量，提高能源的利用率。

3）充分利用动力设备的容量及网络输送能力。

4）提高生产效率，降低成本。

5）做好技术培训、技术考核工作，不断提高操作人员的水平。

第一节　动力设备的运行管理

动力设备的管理工作，主要是保证安全、可靠、经济、连续而正常地向生产车间和有关部门供能，其中，动力设备的运行管理是重要内容。为了确保动力设备的安全运行，就必须采用一系列的措施、手段和规章制度。

一、动力设备安全运行要求

为了确保动力设备的安全运行，必须做到以下四方面的要求：

1）动力站房的设计、建造、以及动力设备的选型、安装，都必须严格按照规定要求。动力设备的生产能力和生产的能源质量必须满足企业生产要求。动力管线的布局要尽量合理、可靠。动力设备和管线的安装、调试，必须符合有关规程要求，并经严格检查验收。

2）建立健全的管理机构，配备一定数量素质较高的管理人员、技术人员、操作人员和设备维修人员。

3）有严格的设备技术状态检查、安全检查制度。

① 建立日常巡回检查和定期检查制度，在有条件的情况下，尽量采用状态监测技术，及时发现设备中的隐患，消灭事故于未然。

② 建立动力设备的日常维护、定期维修和计划检修制度，保证设备经常处于完好状态。

③ 根据各种有关规范和法规，如《电力工业技术管理法规》《电业安全工作规程》《固定式压力容器安全技术监察规程》《锅炉安全技术监察规程》《锅炉房设计规范》《氧气站设计规范》《压缩空气站设计规范》《气瓶安全技术监察规程》等，制定出各种安全检查、质量检验和环境监控等技术标准，依此作为对动力设备及管线设施运行安全技术检查和质量检验的依据。

④ 建立完善的技术资料管理制度。

⑤ 配备先进、合理、满足需要的检测仪器、仪表和试验器具，以便于进行安全检查、质量检查、状态监测和环境监控等项工作。

⑥ 动力系统各级领导必须定期亲临现场检查各种记录，了解设备状况，做到信息反馈。

4）有严格的安全操作规程和运行管理制度。

① 制定各种安全工作规程，主要规定在操作维修动力设备时，以及进行动力设备安全试验时，应遵守的各种工作规程和应采取的技术措施以及组织措施。当设备发生故障后，规定有紧急施救和处理方法。

② 制定各种运行操作规程，其中规定了动力设备的正常操作方法和程序；允许使用运行的参数范围；开车、停车的操作程序和应注意的事项；运行中应着重检查的项目；出现异常情况的判断方法及其应采取的措施等。

③ 制定各种运行管理制度，如岗位责任制度、安全防火制度、巡回检查制度以及交接班制度等。

④ 规定预防性试验项目、期限与技术标准。

二、动力设备事故的防范和处理

（一）动力设备事故的防范

防范动力设备发生事故的有效措施主要是严格遵守各项规章制度和操作规程，对违犯者必须严肃处理。其次是经常开展反事故演习，这种演习能有效提高值班人员的应变能力，使他们懂得如何防止、处理事故和异常情况，帮助他们熟悉动力设备的结构，更好地掌握运用操作规程，杜绝错误操作，确保动力系统的正常运行。

反事故演习的方法和步骤如下：

1) 由运行人员提出发生事故的各种设想。

2) 由主管工程师拟定反事故演习的题目、内容和计划。一般可选择以下内容作为演习的题目：设备系统中可能发生事故的薄弱环节；本单位和其他单位曾经发生过的事故；值班人员操作技术上可能发生误操作事故的薄弱环节；影响设备运行的季节性因素（如风、雨、雾、雪、严寒冰冻、烈日高温等）。

3) 选择演习对象和时间。演习最好在备用设备和管线上进行。演习监护人应选择有经验的值班长和工程技术人员来担任。监护人的任务是监视和判断演习人员的动作是否正确、迅速，如发现演习人员操作不当、违反制度时，监护人应立即制止并纠正其错误。监护人还应根据现场情况，对不同工作岗位的值班人员进行提问考核，以培养演习人员的独立思考能力。

4) 在开始反事故演习以前，应将动力系统中用作演习用的设备运行情况告诉给演习人员，演习人员进入岗位后，演习负责工程师就可按照计划规定的顺序，将演习开始情况和"事故"发生、发展情况依次告知演习人员，然后由演习人员报出应采取的措施和动作名称，并模拟操作方法，但不准演习人员拨动操作机构。

5) 演习结束后，先由演习人员做自我评议，然后由演习负责工程师作评定成绩和总结，并将整个过程情况以及评语记入安全活动记录本中，作为对演习人员的奖励及考核依据。

(二) 动力设备事故的分类和处理

动力设备事故的分类和处理方法与一般设备基本相同，可参阅本教材有关章节。

三、动力设备的状态管理

由于动力设备在生产中占特殊地位及其工作的系统性、连续性和危险性的特点，企业应努力加强它的运行状态管理：完善并贯彻有关管理制度，认真做好动力设备和动力管网的巡回检查、日常点检、定期检查、年度普查和预防性试验等工作；严格地进行继电保护装置、自动控制系统、压力容器的定期试验鉴定工作；做好运行、维修和故障记录等信息资料的分析统计工作，及时掌握和监督动力设备的技术状态，采取措施，消除故障于未然。在目前传统管理方法的基础上，逐步采用状态监测和设备诊断技术，强化监测手段，不断提高动力设备的运行、维修及管理水平。

(一) 动力设备的故障管理

动力设备的故障管理与一般设备基本相同，可参阅本教材有关章节。

(二) 动力设备完好标准的基本要求

1) 动力设备运行工况技术参数应符合标准。

2) 动力设备的安全、保护装置应灵敏可靠。

3) 对动力设备各种表针必须定期校验，指示正确。

4) 电气装置齐全、可靠、电气仪表指示和显示正确。

5) 电气线路安全可靠，有接地接零的保护措施。

6) 传动装置运转正常，保护罩壳齐全、可靠。

7) 油路系统油压和油温正常、油质清洁、油位适中。

8）水路系统水压和水温正常、水位适中、有断水、高低水位报警装置且灵敏可靠。

9）各种管道无泄漏，色标明显，保温良好。

10）设备内外整洁，无集灰、黄袍，无严重油漆剥落、腐蚀，附件堆放整齐。

（三）动力设备预防性检查与试验

为了确保动力设备及动力管线系统安全、正常地运行，预防和控制事故的发生，必须采取各种方法和手段，监督掌握动力设备的技术状态，并逐步实现以状态监测为基础的维修方式。

掌握动力设备和动力管线技术状态的主要工作是巡回检查和预防性试验。

（1）动力设备以及管线的巡回检查和定期检查　要做好动力设备和动力管线系统的巡回检查、日常点检、定期检查，建立信息反馈制度，健全运行、维修和故障情况的记录与统计分析工作，及时掌握动力设备的技术状态。日常点检和定期检查的具体内容和部位不宜过多，应根据具体设备而定。对检查中发现的问题和隐患，要及时处理和排除。开展点检工作既能做好动力设备的巡回检查，又能真实了解设备的缺陷情况，为设备开展项修和大修提供可靠的依据。同时点检表也反映了检修工作质量和检修时间，能调动操作工参加检修和排除故障的积极性，为确保设备状态完好打下基础。

（2）动力设备预防性试验　预防性试验是动力设备安全可靠地运行的重要措施，因此必须严格执行规定的各种预防性试验、预防性维修和调整（如接地系统、防雷装置、过电流保护装置等），以掌握他们的技术状态，及时发现其隐患，及时排除故障于未然，从而保证动力设备安全经济地正常运行。

定期进行预防性试验的主要内容有：

1）电气设备定期测量绝缘电阻，绝缘耐压试验；测量绝缘中的介质损耗和泄漏电流；试验接地电阻；试验继电保护装置和安全指示装置；定期校验安全装置和计量仪表；对变电所的安全防护用品（如绝缘棒、绝缘手套、绝缘靴、验电笔、接地棒等）要定期（半年或一年）试验绝缘性能。

2）热力设备、动力发生设备定期检验安全指示装置（如安全阀等）和热工仪表；压力容器要定期测定材料厚度，检查容器内外表面的焊缝有无裂纹，并按有关规定进行耐压试验和气密性试验；对锅炉设备还要定期检查本体内外是否有磨损、腐蚀、裂纹、鼓包、变形、渗漏等现象，炉墙是否有损坏，拉撑是否有断裂等。

（3）加强重点和关键动力设备的检查和管理　对重点、关键的动力设备，要严格实行重点维护保养、监察预防试验制度，严禁超负荷运行和超规范使用。

（四）推广诊断技术与状态监测，实现动力站房管理自动化

对动力站房的设备和运行管理，要积极应用状态监测，逐步实现以状态监测为基础的检修方式，并配合计算机的推广应用，逐步实现动力站房的自动监测与自动控制。

第二节　动力设备的维修管理

一、动力设备维修概述

编制动力设备检修计划要根据技术状态与修理周期结构相结合的原则，并针对设备不同情况进行安排。特别是对安全可靠性要求高的动力设备，要按有关规定进行强制性检修。

（一）动力设备维修特点

安排动力设备的维修作业时，应具有下列特点：

1）对连续运行、安全要求高、工作环境恶劣或无备用设备的重点动力设备和管线，应实行强制性修理。当设备停运后，能按照预先规定的内容更换零件、部件，立即进行修理。

2）对于负荷随季节变化的动力设备和管线，要安排在负荷最低或停用的季节进行修理，以减少停机损失。

3）连续运行的动力设备和管线，可根据企业生产特点，最大限度地利用非工作日或节假日进行修理，以保证生产正常进行。

4）检修质量要高，修理停机时间要短。为此，必须事先做好准备工作，如备件、专用机具、人员配备、检修工艺、质量标准、测量仪器，以及综合进度的落实。同时要根据修理规模确定检修的指挥和负责人员，实行全面质量管理，逐项验收，保证修后试车一次通过。

5）对动力设备的维修必须严格执行预防为主，才能满足运行时的绝对安全可靠、经济合理和连续生产等特殊要求。日常的运行监督检查，定期的巡回检查，压力容器的定期试压，电气设备的定期耐压绝缘试验，监视仪表的定期校验，锅炉的定期标准修理等，都是贯彻预防为主的有效措施。

（二）动力设备维修类别

1. 动力设备技术维护

日常点检与巡回检查：按规定的时间、线路、项目和要求，利用人的各种感觉和简易仪器仪表设备进行测试检查，观察、记录设备的运行状况和安全设施的完好情况，及时发现设备缺陷和隐患，采取相应的维护措施，保证动力设备正常运行。

（1）定期检查　在日常维护的基础上，根据动力设备存在的缺陷及季节性要求，定期进行设备检查和清扫，添加或更换绝缘油、润滑油，修理或更换有关元件等。通过定期检查还可确定或修正下一次大修所应完成的作业项目和工作量。

（2）预防性试验（检验）　它的目的是检查动力设备与动力管线在相邻两次计划修理期间的运行可靠性和安全性，以便及时发现隐患，预防事故的发生。

2. 动力设备的定期检修和项修

动力设备定期检修是保证动力设备和动力管线安全可靠地运行的一种修理类别，其内容包括清扫、清理、检验、更换有关元器件及备件等。

动力设备项修是保证设备安全、可靠地运行的局部修理。动力设备通过局部修理恢复到原来的性能和效率，以满足生产的要求。

3. 动力设备大（中）修

动力设备大（中）修是动力设备及管线计划检修中较复杂、较全面、工作量较大的修理类别。它包括定期检修、项修的各项工作，以及根据修理任务书、修理工艺和有关规程要求进行的全部工作，确保动力设备、管线的性能和参数达到规定要求。

二、动力设备修理周期

与机械设备一样，动力设备的修理周期可参考修理周期结构来制订。但由于动力设备在运行中，零件除发生磨损外，还要受到高压、高温、低温、氧腐蚀、介质腐蚀、烟气腐蚀，环境中酸、碱、盐的腐蚀及电磁场中电化腐蚀。因此在确定了修理周期结构后，还应按照设备的实际情况考虑修理间隔期。使用时尚需注意下列几点：

1）对同属一个系统，相互关联紧密的设备与装置，其修理周期及周期结构应随主机设备统一安排，不受单独规定的周期和周期结构的限制。

2）对于未用的炉窑等设备，修理间隔期可适当延长。

3）对有腐蚀性物质的动力设备，虽不是三班制工作但处于生产准备状况的，应按三班制工作计算修理间隔期。

4）由于电气设备的种类繁多，其使用性质和结构特点也各不相同，故确定电气设备的修理周期结构时应考虑其特殊情况，对于体积虽大但结构不太复杂的设备，可灵活决定其修理周期结构。

5）动力设备的修理周期（年）及修理间隔期（月）是按两班制生产进行计算的。企业如为一班制生产，应乘系数 1.4 进行计算；三班制生产应乘系数 0.6 进行计算。

6）对于已采用状态监测有成效的某些关键动力设备，可适当延长修理周期。

表 9-1 为动力设备修理周期结构表，供参考。

表 9-1 热力设备及动力机械设备修理周期结构表

设备名称	修理周期结构	D：Ⅱ 次数	修理周期/年	修理间隔期/月	备 注
水管锅炉	D－Ⅱ－Ⅱ－Ⅱ－Ⅱ－D	1：4	5	12	连续开炉者，一年定期检修一次；断续开炉者，半年定期检修一次
火管锅炉	D－Ⅱ－Ⅱ－Ⅱ－D	1：3	4	12	
快装锅炉	D－Ⅱ－Ⅱ－Ⅱ－D	1：3	4	12	
省煤器	Ⅱ－Ⅱ		8	12	
锅炉除尘设备	D－Ⅱ－Ⅱ－Ⅱ－Ⅱ－Ⅱ－D	1：5	6	12	必要时可与锅炉设备一起安排大修
锅炉水处理设备	D－Ⅱ－Ⅱ－…－Ⅱ－Ⅱ－D	1：7	8	12	
制氧设备	D－Ⅱ－Ⅱ－Ⅱ－Ⅱ－D	1：4	5	12	
煤气发生设备	D－Ⅱ－Ⅱ－…－Ⅱ－Ⅱ－D	1：9	10	12	
乙炔发生设备	Ⅱ－Ⅱ			12	
空气压缩机	D－Ⅱ－Ⅱ－Ⅱ－Ⅱ－Ⅱ－D	1：5	6	12	
鼓风机	D－Ⅱ－Ⅱ－Ⅱ－D	1：3	4	12	
引风机	D－Ⅱ－D	1：1	2	12	
离心水泵	D－Ⅱ－Ⅱ－Ⅱ－Ⅱ－D	1：4	5	12	每三个月校验仪表一次
活塞式水泵	D－Ⅱ－Ⅱ－D	1：2	3	12	
氨冷冻机组	D－Ⅱ－Ⅱ－Ⅱ－Ⅱ－Ⅱ－D	1：5	6	12	
冷冻机组	D－Ⅱ－Ⅱ－Ⅱ－Ⅱ－Ⅱ－Ⅱ－D	1：6	7	12	
真空泵	D－Ⅱ－Ⅱ－D	1：2	3	4	
通风系统设备	D－Ⅱ－Ⅱ－Ⅱ－Ⅱ－Ⅱ－D	1：5	6	6	
给水管道（铸铁）	D－Ⅱ－Ⅱ－…－Ⅱ－Ⅱ－D	1：9	20	24	
蒸汽、热水管道	D－Ⅱ－Ⅱ－…－Ⅱ－Ⅱ－D	1：9	15	18	

（续）

设备名称		修理周期结构	D：Ⅱ次数	修理周期/年	修理间隔期/月	备　注
加热炉	1000℃以下	D－Ⅱ－Ⅱ－Ⅱ－Ⅱ－Ⅱ－D	1：5	3	5	—
	1000℃以上	D－Ⅱ－Ⅱ－Ⅱ－D	1：3	2	6	
烘干炉		D－Ⅱ－Ⅱ－Ⅱ－Ⅱ－D	1：4	5	12	每次开炉后应补炉，损坏较大时应进行检修
熔炼炉		D－Ⅱ－Ⅱ－……－Ⅱ－Ⅱ－D	1：11	3	3	
冲天炉		D－D		1		

注：D—表示大修，Ⅱ—表示定期检修。

三、动力设备维修定额管理

（一）动力设备修理复杂系数

与机电设备一样，动力设备的维修定额也是以设备修理复杂系数作为计量的标准。由于动力设备的特殊性，其修理复杂系数分类、作用有所不同。

由于动力设备修理工作的专业性和复杂性，一般将动力设备的修理复杂系数分成五类。

（1）机械修理复杂系数　表示动力设备中机械结构部分的修理复杂程度，以 $F_{机}$ 表示。

（2）电气修理复杂系数　表示动力设备中电气部分修理的复杂程度，以 $F_{电}$ 表示。

（3）仪器仪表修理复杂系数　表示动力设备所配备的热工、压力、计量等仪器仪表的修理复杂程度，以 $F_{仪}$ 表示。

（4）热工修理复杂系数　表示动力设备中热工设备修理的复杂程度，以 $F_{热}$ 表示。

（5）其他修理复杂系数　表示动力设备中一些特殊工种的修理复杂程度，如炉窑设备的砌砖工作量、管道工作量等，以 $F_{其}$ 表示。

（二）动力设备修理定额

确定企业动力设备修理定额，一般可根据企业主管部门提出的维修经济技术指标或要求，参考有关资料介绍的各种修理定额，结合本企业设备使用条件和修理水平，确定本企业各类动力设备的修理定额。

动力设备的修理定额一般可分为：日常维护定额、修理工时定额、修理停歇时间定额、修理费用定额和修理材料定额等。

一个修理复杂系数所代表的劳动量见表9-2，供参考。

表9-2　一个修理复杂系数的工作定额　　　　　（单位：h）

修理类别	修理复杂系数				
	$F_{机}$	$F_{电}$	$F_{仪}$	$F_{热}$	$F_{其}$
大修	48	16	16	36	36
中修	24	5	5	18	18
小修	6	1	1	4	4

第三节　典型动力设备管理介绍

一、锅炉

1. 锅炉设备的运行维护

锅炉设备维护的目的在于使运行过程中产生的磨损、腐蚀、渗漏以及损坏零件、传动件、显示件、传感件得以及时处理，使锅炉设备处于良好的技术状态，安全运行，延长使用寿命，保障职工的人身安全。锅炉设备的运行维护内容是监视检查、日常维护以及维修。

1）对监视仪表及各种显示装置，要注意校对检查，以便准确监视锅炉的运行情况，发现异常情况可以及时采取有效措施加以处理。

2）对锅炉的重点部位按检查项目，定性定量地进行日常点检，并做好点检记录。巡回检查的内容应汇总到交接班记录中去，并严格执行交接班制度。

3）对锅炉设备的操作应严格按照操作规程所规定的操作程序进行。正确操作是保证正常运行的首要条件，合理调整运行参数是经济运行的必要措施。

4）锅炉设备的故障一般都有先期预兆。通过巡检、点检、预防性试验等日常维护工作，可以及时采取措施，防止故障的扩大而酿成事故。

锅炉的维护工作应做到定期、定人、定内容，做到有检查、有考核，与经济责任制挂钩。为保证安全运行，真正做好锅炉运行的维护工作，应有锅炉运行日记录，准点抄表记录，点检表，水、煤、电消耗记录，故障记录，缺陷记录，预防性定期试验记录以及维护工作的资料和台账，使维护工作做到实处。

2. 锅炉设备的维修规定

1）锅炉受压元件损坏，不能保证安全运行，要及时检修。

2）承担锅炉修理的专业单位须经当地劳动部门同意，焊工应经考试合格后方能进行施工修理。

3）重大修理工作应先制订修理技术方案。方案应由修理单位技术负责人签字批准，并报主管部门和劳动部门审批备案。

4）制定锅炉修理工艺质量标准。

5）锅炉修理应有图样、材质保证、施工质量证明等技术资料。完工后应列入锅炉的技术档案。

6）有专人负责现场施工的安全，特别对电气、起重、高空作业，应有安全可靠的措施。

3. 锅炉房安全管理规则

这里叙述的锅炉房安全管理规则仅适用于设置下列锅炉的工业及生活用锅炉房。

额定蒸发量大于（或等于）1t/h 及以水为介质的蒸汽锅炉。

额定供热量大于（或等于）100.48×10⁴J/h 的热水锅炉，而不适用于电力系统的发电用锅炉。

1）锅炉房的设计建造应符合《锅炉安全技术监察规程》的有关规定。锅炉房建造前，使用单位须将锅炉房平面布置图送交当地锅炉压力容器安全监察机构审查同意，否则不准施工。

2）使用锅炉的单位必须按《锅炉压力容器使用登记管理办法》的规定办理登记手续，未取得锅炉使用登记证的锅炉，不准投入运行。

3）在用锅炉必须实行定期检验制度，未取得定期检验合格证的锅炉，不准投入运行。

4）司炉是特种技术工种，使用锅炉的单位必须严格按照《锅炉司炉人员考核管理规定》的规定选调和培训司炉工人。司炉工人需经考试合格，取得司炉操作证，才准独立操作锅炉。严禁将不符合司炉工人基本条件的人员调入锅炉房，从事司炉工作。

5）锅炉房应有水处理装置，锅炉水质应符合《工业锅炉水质》要求。锅炉使用单位应设专职或兼职的锅炉水质化验人员。水质化验员应经培训、考核合格取得操作证后，才能独立操作。

6）锅炉房应有下列制度：

① 岗位责任制。按锅炉房的人员配备，分别规定班组长、司炉工、维修工、水质化验人员等职责范围内的任务和要求。

② 锅炉及其辅机的操作规程，其内容包括：a. 设备投运前的检查与准备工作；b. 起动与正常运行的操作方法；c. 正常停运和紧急停运的操作方法；d. 设备的维护保养。

③ 巡回检查制度。明确定时检查的内容、路线及记录项目。

④ 设备维修保养制度。

⑤ 交接班制度。

⑥ 水质管理制度。

⑦ 清洁卫生制度。

二、压力容器

(一) 受安全监察的压力容器的范围

不少压力容器工作时，不仅要承受较高的压力，同时还经常处于高温或深冷状态。在这样严酷的工况条件下，要保证容器长期安全运行，就必须在设计、选材、制造、检验和使用管理上有一整套严格的要求。国家质量监督检验检疫总局根据容器的压力大小、介质的危害程度以及在生产过程中的重要作用，分别制定了压力容器、气瓶、溶解乙炔气瓶安全监察规程，以及液化石油气汽车槽车安全管理规定。对这些设备从设计、制造、安装、使用、检验、修理、改造直至报废各个环节进行安全监察。在《固定式压力容器安全监察规程》中明确规定，压力容器受安全监察的范围是指同时具备下列三个条件的容器：①最高工作压力 $p_w \geq 0.1 MPa$（不包括液体静压力）。②内直径（非圆形截面指断面最大尺寸）大于等于 $0.15m$，且容积（V）大于等于 $0.025 m^3$。③介质为气体、汽化气体或最高工作温度高于等于标准沸点（指一个大气压下）的液体。

(二) 压力容器的分类

1. 按压力等级分类

(1) 低压容器（L） $0.1 MPa \leq p < 1.6 MPa$。

(2) 中压容器（M） $1.6 MPa \leq p < 10 MPa$。

（3）高压容器（H）　$10\text{MPa} \leqslant p < 100\text{MPa}$。

（4）超高压容器（U）　$p \geqslant 100\text{MPa}$。

2. 按压力容器在工艺过程中的作用原理分类，可分为：

①反应压力容器（代号 R）。②换热压力容器（代号 E）。③分离压力容器（代号 S）。④储存压力容器（代号 C）。

3. 压力容器"一、二、三类"类别的划分

1）低压容器为第一类压力容器。

2）属于下列情况之一者为第二类压力容器：①中压容器。②易燃介质或毒性程度为中度危害介质的低压反应容器和储存容器。③毒性程度为极度和高度危害介质的低压容器。④低压管壳式余热锅炉。⑤搪玻璃压力容器。

3）属于下列情况之一者为第三类压力容器：①毒性程度为极度和高度危害介质的中压容器和 pV 大于等于 $0.2\text{MPa} \cdot \text{m}^3$ 低压容器。②易燃或毒性程度为中度危害介质且 pV 大于等于 $0.5\text{MPa} \cdot \text{m}^3$ 中压反应容器和 pV 大于等于 $10\text{MPa} \cdot \text{m}^3$ 中压储存容器。③高压、中压管壳式余热锅炉。④高压容器。

（三）压力容器的编号及编号含义

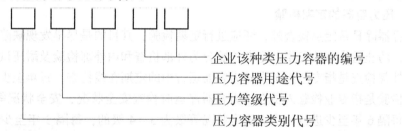

企业该种类压力容器的编号
压力容器用途代号
压力等级代号
压力容器类别代号

（四）压力容器的使用管理

根据《固定式压力容器安全技术监察规程》的规定，使用压力容器单位的主要技术负责人、厂长或总工程师，必须对容器的安全技术管理负责，并指定具有压力容器专业知识的工程技术人员具体负责安全技术管理工作。

1. 压力容器的技术管理

（1）建立健全容器技术档案　容器技术档案是掌握容器用、管、修过程中的综合性记录，是容器管理的基础工作。

（2）建立健全容器技术管理规程　要根据生产工艺要求和容器技术特性，制定容器的各项技术管理制度和技术安全操作规程，以保证安全运行。

2. 压力容器的使用维护和检修

（1）正确使用

1）容器操作人员必须严格执行容器安全操作规程，履行岗位责任制。

2）容器加载时，速度不宜过快，避免操作中频繁大幅度压力波动。

3）严格控制工艺参数，严禁超压运行。

4）容器操作人员应经培训，考试合格后上岗。

（2）合理维护

1）采取涂层、喷涂、电镀等有效措施，防止大气与介质对容器的腐蚀。

2）保持绝热层、保温层良好。

3）紧固件应保持齐全、完整、紧固、可靠。

4）安全装置、阀门等应保持清洁、完好、灵敏。

5）遇有振动、摩擦等情况，要及时采取措施予以消除或减轻。

（3）定期检查 按周期有计划地进行检验与检修，并注意以下要求：

1）容器运行时不得对任何受压元件进行修理与紧固；

2）泄压、降温要按操作程序进行；

3）进入容器检验或检修，要有专人监护并有联络信号；

4）容器修理或改造时必须保证受压元件原有的强度和制造质量，技术方案须经过有关主管部门审批。

3. 压力容器的使用登记

根据国家质量监督检验检疫总局颁布的《特种设备使用管理规则》，在用压力容器投入使用前，使用单位必须向当地劳动部门和锅炉、压力容器安全监察机构申报办理使用登记手续，取得使用证后方能将设备投入运行。为此，压力容器必须逐台登记、领取《特种设备使用登记表（压力容器》。

（五）压力容器的定期检验

压力容器除日常定点检查外，还应进行定期检验，其目的是尽早发现缺陷、采取措施或进行监护，防止重大事故发生。定期检验分为外部检查和内外部检验及耐压试验。

容器外部检查是指专业人员在压力容器运行中的定期在线检查，每年至少进行一次。容器内外部检验是指专业检验人员在压力容器停运时检查安全状况，安全状况等级为1~3级的容器，每隔6年至少进行一次。安全状况等级为3~4级的，每隔3年至少检查一次。外部检查和内外部检验内容及安全状况等级的规定，见《压力容器定期检验规则》。

耐压试验是指压力容器停运检验时，所进行的超过最高工作压力的液压试验和气压试验，其周期为每10年至少进行一次。

第四节 能源管理与节能

动力能源的供应与消耗应贯彻开源与节流并重的方针。企业动力设备的管理，在保证动力设备安全可靠、不间断运行地使生产正常进行的同时，降低能源消耗也是动力设备管理的重要内容。

机器设备的技术性能、结构原理、生产效率、润滑状况等都直接影响到能源的消耗；设备使用的规章制度、操作人员的技术水平高低与责任感强弱等，也在一定程度上影响到能源的消耗；不仅如此，企业的生产计划安排、劳动组织、作息时间规定也影响到能源的消耗。因此，企业应把节能作为重点工作内容之一，以提高动力设备管理的经济效益。

一、能源消耗的计划、定额和考核

1. 能源消耗计划

能源消耗的计划性，是保证企业动力设备连续生产、降低消耗、减少浪费的前提条件。

要做到能源有计划的生产与消耗，就必须认真搞好能源的产需平衡，根据企业的生产任务与性质，准确地计算各部门年、季、月的能源需要量。平衡工作要厂内外结合及厂内各生产环节之间结合来完成。

能源消耗计划的制订，必须先进合理。能源消耗的计算方法有：

1）按生产任务与能源消耗定额直接确定能源常用量。

2）按其他技术经济指标的一定比例系数间接计算能源需用量。实际工作中常用此法。

2. 能源消耗定额

能源消耗定额，必须按照各种生产条件，通过计算分析或者历史上生产实际消耗进行综合分析比较来确定，但必须是反映能源消耗的平均先进水平，而且随着各相应条件的变化要及时修订。

能源消耗定额是以单位产品的能源消耗的形式制订的，计算单位是耗用能源计量单位与产品（或产值）计量单位之比例。即

$$耗用能源消耗定额 = \frac{本期生产耗用能源量}{本期生产量}$$

计算动力能源消耗定额的范围主要有基本生产消耗动力能源定额、辅助生产消耗动力能源定额和生产厂房、仓库、办公室动力能源消耗定额及线路管网、设备本身等损耗的动力能源定额。

3. 能源消耗的考核

为了对煤、油、电、气（汽）等实际定额进行定量供应，以节约能源，必须准确地记录动力能源功耗数量，按使用部门和产品品种"分灶吃饭"，要做到这些，动力能源计量仪表是基础。因此，正确地选择配置并维护好这些计量仪表，也是动力设备管理的一项重要工作。

二、树立节约能源的思想

为降低能源消耗，首先要使企业的全体职工树立节约能源的思想，要强调节约能源提高能源利用率的重要性和迫切性，开展节能工作的技术培训，提高广大职工的管理水平和操作技术，建立健全能源供耗规章制度，使动力能源管理经常化、制度化、科学化。除此之外，降低能耗的主要途径是：

1）在生产计划组织上，尽量安排生产设备能够集中、连续、满载开动使用。这样可以相对减少开动设备的动力损失，减少固定能耗部分。

2）加强设备管理，提高设备的完好率，提高设备的使用效率，合理操作，及时检查、调整、润滑，减少不必要的消耗，杜绝跑、冒、滴、漏，努力降低单位产品能源成本，从而达到降低能耗的目的。

3）提高用电系统的功率因数，努力达到和超过供电部门要求的标准。

4）大力提高一次能源的利用率，扩大二次能源的回收利用范围，即充分利用余热，把各炉、窑、灶排出的高温废水、废气、废渣的余热都利用起来，这样可以节省大量燃料。

5）更新、改造陈旧设备，降低能源消耗。

6）大力应用新技术、新材料，提高能源利用率。

思 考 题

9-1　动力设备管理的范围与任务是什么？

9-2　动力设备安全运行要求是什么？

9-3　安排动力设备的维修作业时，应具有什么特点？

9-4　一般将动力设备的修理复杂系数分成哪几类？

第十章

设备的更新改造

机器设备是企业生产技术发展和实现经营目标的物质技术基础，设备的技术性能和技术状况直接影响企业产品质量、能源材料消耗和经济效益，设备的技术改造和更新速度则直接影响企业技术进步、产品开发和开拓市场的后劲。随着我国经济体制改革和企业内部改革的深化、社会主义市场经济的发展，企业面对国际、国内市场的激烈竞争，越来越迫切地需要提高技术装备的素质，采用新技术、新工艺、新设备，加速企业设备的改造和更新，提高竞争能力。这既是国家的装备政策，又是企业的一项重要的战略任务。

采用新技术对现有设备进行改造、更新，是加速企业技术改造、提高企业素质的有效方法。从企业产品更新换代、发展品种、提高质量、降低消耗、提高劳动生产率和经济效益的实际需要出发，进行充分的技术经济分析，有针对性地用新技术改造和更新现有设备，对充分发挥现有工业基础的作用具有战略意义。

第一节 设备的磨损及其补偿

设备在使用或闲置过程中均会发生磨损，磨损分为有形磨损和无形磨损两种形式。

一、设备的有形磨损

机器设备在使用（或闲置）过程中发生的实体磨损或损失，称为有形磨损或物质磨损。

1. 有形磨损的概念及产生的原因

引起有形磨损的主要原因是生产过程中的使用。运转中机器设备的零部件发生摩擦、振动和疲劳等现象，导致机器设备的实体产生磨损，称为第一种有形磨损。它通常表现为：

1）机器设备零部件的原始尺寸改变甚至形状也发生变化。

2）公差配合性质改变。

3）零部件损坏。

有形磨损一般可分为三个阶段（参阅本书第五章图5-1）。第一阶段是新机器或大修理的设备磨损较强的"初期磨损"阶段；第二阶段是磨损量较小的"正常磨损"阶段；第三阶段是磨损量增长较快的"剧烈磨损"阶段。例如机器中的齿轮，初期磨损是由于安装不良、人员培训不当等造成的结果。正常磨损是机器处在正常工作状态下发生的，它与机器开动的时间长短、载荷强度大小有关，当然也与机器零件的牢固程度有关。剧烈磨损是正常工作条件被破坏或使用时间过长的结果。

在第一种有形磨损的作用下，以金属切削机床为例，其加工精度、表面粗糙度和劳动生产率都会劣化。磨损到一定程度就会使整个机器出故障、功能下降。有形磨损达到比较严重的程度时，设备便不能继续正常工作甚至发生事故。

自然力的作用是造成有形磨损的另一个原因，由此而产生第二种有形磨损，它与生产过程的作用无关。设备闲置或封存也同样产生有形磨损，这是机器生锈、橡胶和塑料老化等原因造成的，时间长了设备会自然丧失精度和工作能力。

设备有形磨损的形成，如图 10-1 所示。

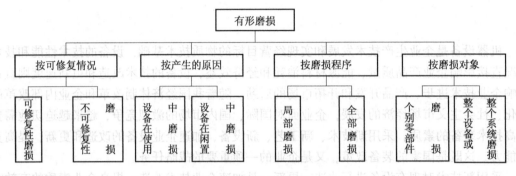

图 10-1   设备的有形磨损

2. 有形磨损的技术经济后果

有形磨损的技术后果是机器设备的价值降低，磨损达到一定程度可使机器完全丧失使用价值。有形磨损的经济后果是机器设备原始价值的部分降低，甚至完全贬值。为了补偿有形磨损，需支出修理费或更换费。

3. 有形磨损的不均匀性

机器设备使用过程中，由于各组成要素的磨损程度不同，故替换的情况也不同。有些组成要素在使用过程中不能局部替换，只能到平均使用寿命完结后进行全部替换，如灯泡的灯丝一断，即使其他部分未坏也不能继续使用。但对于多数机器设备，由于各组成部分材料和使用条件不同，故其耐用时间也不同，例如有形磨损之后，其零部件的磨损程度大致可分为三组，一是完全磨损不能继续使用的零件；二是可修复的零件；三是未损坏完全可以继续使用的零件。这三组零件应在不同的时间进行修理和更换。这构成了修理的技术可能性和经济性的前提。

4. 有形磨损与技术进步

科学技术进步对机器设备的有形磨损是有影响的，如耐用材料的出现、零部件加工精度的提高以及结构可靠性的增强等，都可推迟设备有形磨损的期限。同时，正确的预防维修制度和先进的维护技术，又可减少有形磨损的发生。但是，技术进步又有加速有形磨损的一面，例如，高效率的生产技术使生产强化，自动化又提高了设备的利用程度，自动化管理系统大大减少了设备停歇时间，数控技术大大减少了设备辅助时间，从而使机动时间的比重增大。由于专用设备、自动化设备常常在连续、强化、重载条件下工作，必然会加快设备的有形磨损。此外，技术进步常与提高速度、压力、载荷和温度相联系，因而也会增加设备的有形磨损。

二、设备的无形磨损

1. 无形磨损的概念及其产生的原因

机器设备在使用或闲置过程中，除有形磨损外还遭受无形磨损，后者也称经济磨损或精神磨损。这是由非使用和非自然力作用引起的机器设备价值的损失，在实物形态上看不出来，造成无形磨损的原因，一是由于劳动生产率提高，生产同样机器设备所需的社会必要劳动消耗减少，因而原机器设备相应贬值；二是由于新技术的发明和应用，出现了性能更加完善、生产效率更高的机器设备，使原机器设备的价值相对降低，此时其价值不取决于其最初的生产耗费，而取决于其再生产的耗费。

为了便于区别无形磨损的两种形式，把相同结构的机器设备由于再生产费用的降低而产生的原设备的贬值，称为第一种无形磨损；把在技术进步影响下，生产中出现结构更加先进，技术更加完善，生产效率更高，耗费能源和原材料更少的新型设备，从而使原机器设备显得陈旧落后，并产生经济损耗，称为第二种无形磨损。

2. 无形磨损的技术经济后果

在第一种无形磨损的情况下，虽然有机器设备部分贬值的经济后果，但设备本身的技术特性和功能不受影响，即使用价值并未因此而变化，故不会产生提前更换设备的问题。

在第二种无形磨损的情况下，不仅产生原机器设备价值贬值的经济后果，而且也会造成原设备使用价值局部或全部丧失的技术后果。这是因为应用新技术后，虽然原来机器设备还未达到物质寿命，但它的生产率已大大低于社会平均水平，如果继续使用，产品的个别成本会大大高于社会平均成本。在这种情况下，旧设备虽可使用而且还很"年轻"，但用新设备代替过时的旧设备在经济上却是合算的。

3. 无形磨损与技术进步

无形磨损引起使用价值降低与技术进步的具体形式有关。例如：

1）技术进步的形式表现为不断出现性能更完善、效率更高的新结构，但加工方法无原则变化，这种无形磨损使原设备的使用价值大大降低。如果这种磨损速度很快，继续使用旧设备可能是不经济的。

2）技术进步的表现形式为广泛采用新的劳动对象，特别是合成和人造材料的出现和广泛应用，必然使加工旧材料的设备被淘汰。

3）技术进步的形式表现为改变原有生产工艺，采用新的加工方法，将使原有设备失去使用价值。

三、设备磨损的补偿

为了保证企业生产经营活动的顺利开展，应使设备经常处于良好的技术状态，故必须对设备的磨损及时予以补偿。补偿的方式视设备的磨损情况、技术状况和是否经济而定，基本形式是修理、改造和更新，但必须根据设备的具体情况采用不同方式。设备磨损形式及其补偿方式如图 10-2 所示。

对可消除的有形磨损，补偿方式主要是修理，但有些设备为满足工艺要求，需要改善性能或增加某些功能并提高可靠性时，可结合修理进行局部改造。

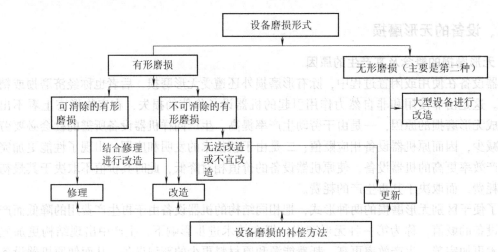

图 10-2   设备磨损形式及其补偿方式

对不可消除的有形磨损，补偿方式主要是改造；对改造不经济或不宜改造的设备，可予以更新。

无形磨损，尤其是第二种无形磨损的补偿方式，主要是更新，但有些大型设备价格昂贵，若其基本结构仍能使用，可采用新技术加以改造。

第二节   设备的更新

一、设备更新的含义

从广义上讲，设备更新应包括设备大修理、设备更换和设备现代化改装。在一般情况下，设备大修理能够利用被保留下来的零部件，可以节约原材料、工时和费用。因此，目前许多企业仍采用大修理的方法。

设备更换（就是通常所说的设备更新，即狭义的更新）是设备最主要的形式，特别是用那些结构更合理、技术更先进、生产效率更高、原材料和能源耗费更少的新型设备去替换已陈旧的设备。

设备更换往往受到设备市场供应和制造部门生产能力的限制，使陈旧的需要更新的设备得不到及时更换，被迫在已经遭受严重无形磨损的情况下继续使用。解决这个问题的有效途径是设备现代化改装。设备现代化改装是克服现有设备的技术陈旧落后、补偿无形磨损、更新设备的方法之一。

从经济意义上来说，在用设备不能不修，但也不能多修。设备多修虽然能延长使用寿命，但它又产生了无形磨损的客观基础。

随着科学技术的发展，设备更新换代越来越快。在这种情况，为了减少无形磨损的损失，必须适时地更新设备。

二、设备更新的意义

设备更新对于企业发展生产，提高经济效益，以至于对整个国家经济的发展，都有着十分重要的作用。

1. 设备更新是企业维持再生产的必要条件

随着设备的有形磨损和无形磨损日益加剧，必然导致设备技术性能劣化、故障率增加、修理费用上升，甚至引起生产停顿。因而必须进行设备更新，及时补偿设备的磨损，才能保持企业的生产能力，使再生产得以正常进行。

过去，我国长期沿袭苏联的计划预修制，补偿设备磨损的途径主要是采用小修、中修、大修等各种类别的修理。由于设备各个部件、零件的有形磨损的不均匀性，在一定范围内，修理在技术上是可行的，在经济上也是合理的。

然而，长期地单纯地依靠修理来补偿设备磨损，维持企业的生产能力就会出现不良的技术经济后果。由于每次修理之后剩余物质磨损（有形磨损）的积累，经过多次大修的设备，难以恢复全部功能，完全达到出厂时的技术标准。而且修理并不能带来设备自身技术水平的提高，也就很难适应提高产品技术档次的要求。

另外，设备经过多次大修之后，由于技术性能劣化，会使废品、次品增加，能源和原材料增大，维修费用加大。总之，使用这样的设备必然是投入多、产出少，在经济上也是不合理的。

因此，为了恢复和提高设备性能，不仅要进行修理，而且更要注意用设备更新或技术改造的方式来保持和发展企业的生产能力。

2. 更新是企业提高经济效益的重要途径

企业为了生产适销对路、物美价廉，具有市场竞争力的产品，必须不断采用新技术、新材料、新设备、新工艺，来实现产品的升级换代、优质高产和高效低耗。设备是企业生产的主要手段，是科学技术的物质载体，因此，不同年代制造的设备凝聚着不同水平的技术，只有用包含最新科技成果的新型设备来替换技术上陈旧的设备，才能为企业生产经营的持续发展提供可靠的物质技术保证。

3. 设备更新是发展国民经济的物质基础

机器设备的技术水平及其发展速度，对于一个国家的经济发展有着直接的、显著的影响。落后的设备必然是工业发展的严重障碍，这一点已为世界工业发展的历史经验所证实。

三、设备役龄和新度系数

反映一个国家（行业或企业）装备更新换代水平的重要标志，是设备役龄、设备新度系数和设备更新换代频数，即技术性无形磨损速度。

从世界各国工业发展的速度来看，一般设备的役龄以 10~14 年较为合理，而以 10 年最为先进。美国为了加速更新，规定了各类设备的服役年限，如机床工具行业和电子机械工业的设备平均服役年限为 12 年，上限为 14.5 年，下限为 9.5 年。

设备的新旧也可用"新度"来表示，所谓设备新度系数就是设备固定资产净值与原值之比。设备新度系数可分别按设备台数、类别、企业或行业的主要设备总数进行统计计算，其平均值可反映企业装备的新旧程度。从设备更新的意义上看，平均新度系数可在一定程度上反映装备的更新速度，某些行业把设备新度系数作为设备管理的主要考核指标之一。

表示技术进步程度的另一个标志是设备更新换代频数，即使设备役龄很"年轻"，也不能称设备属先进水平。因此，考虑设备的更新问题时要将平均役龄、平均新度系数和更新换代频数等指标结合起来进行逐一分析才较为全面和客观。

四、设备更新的原则

设备的更新，一般应当遵循以下原则：

1）设备更新应当紧密围绕企业的产品开发和技术发展规划，有计划、有重点进行。

2）设备更新应着重采用技术更新的方式，来改善和提高企业技术装备达到优质高产、高效低耗、安全环保的综合效果。

3）更新设备应当认真进行技术经济论证，采用科学的决策方法，选择最优可行方案，以确保获得良好的设备投资效益。

五、更新对象的选择

企业应当从生产经营的实际需要出发，对下列设备优先安排更新：

1）役龄过长、设备老化，技术性能落后、生产效率低、经济效益差的设备。

2）原设计、制造质量不良，技术性能不能满足生产要求，而且难以通过修理、改造得到改善的设备。

3）经过预测，继续进行大修理，其技术性能仍不能满足生产工艺要求、保证产品质量的设备。

4）严重浪费能源、污染环境、危害人身安全的设备。

5）按国家有关部门规定，应当淘汰的设备。

六、更新时机的选择

究竟在什么时候进行更新比较适宜，这里存在一个更新时机的选择，也就是如何确定设备寿命的问题。通常可以分物质寿命、技术寿命与经济寿命。

设备的物质寿命，也称为自然寿命或物理寿命。它是指设备实体存在的时期，即设备从制造完成投入使用直至报废为止所经历的时间。设备的物质寿命长短与维护保养的好坏有关，而且还可以通过恢复性修理来延长它的物质寿命。

设备的技术寿命，是指设备在技术上有存在价值的时期，即设备从开始使用直到因技术落后而被淘汰所经历的时间。技术寿命的长短取决于设备无形磨损的速度。由于现代科学技术的发展速度大大加快，往往会出现一些设备的物质寿命尚未结束，就被新型设备所淘汰的情况。进行技术改造可能延长设备的技术寿命。

设备的经济寿命，也称为设备的价值寿命。它是依据设备的使用费用（即使用成本）最经济来确定的使用期限，通常是指设备平均使用成本最低的年数。经济寿命用来分析设备的最佳折旧年限和经济上最佳的使用年限，即从经济角度来选择设备的最佳更新时机。

过去，我国企业主要是根据设备的物质寿命来考虑设备更新，或者简单按照国家规定的折旧年限（过去年折旧率一般为4%～5%，即折旧年限为20～25年）来安排设备更新，没有考虑设备的技术寿命和经济寿命，影响了企业经济效益的提高。

企业是一个自主经营、自负盈亏、独立核算的商品生产和经营单位，首先必须讲求经济效益。设备的经济寿命应该成为确定设备使用年限，即选择设备最佳更新时机的主要依据。

第三节　设备的技术改造

一、设备技术改造的含义

设备的技术改造也称为设备的现代化改装，是指应用现代科学技术成就和先进经验，改变现有设备的结构，装上或更换新部件、新装置、新附件，以补偿设备的无形磨损和有形磨损。通过技术改造，可以改善原有设备的技术性能，增加设备的功能，使之达到或局部达到新设备的技术水平。

二、设备技术改造的特点

（1）针对性强　企业的设备技术改造，一般是由设备使用单位与设备管理部门协同配合，确定技术方案，进行设计、制造的。这种做法有利于充分发挥他们熟悉生产要求和设备实际情况的长处，使设备技术改造密切结合企业生产的实际需要，所获得技术性能往往比选用同类新设备具有更强的针对性和适用性。

（2）经济性好　设备技术改造可以充分利用原有设备的基础部件，比采用设备更新的方案节省时间和费用。此外，进行设备技术改造常常可以替代设备进口，节约外汇，取得良好的经济效益。

由此可知，应用先进的科学技术成果对原有设备进行技术改造，并非是一种权宜之计，而是与设备更新同等重要补偿设备无形磨损并提高装备技术水平的重要途径。

思　考　题

10-1　什么是设备的有形磨损和无形磨损？试述其产生的原因。

10-2　设备更新的含义是什么？设备更新有什么意义？

10-3　设备技术改造有哪些特点？

第十一章
现代管理方法在设备管理中的应用

现代化管理是综合性很强的技术，涉及很多学科领域的现代理论和方法，它正在日益受到各行各业的重视。在设备管理领域中，应该研究探索各种管理理论和方法在设备寿命周期内的应用问题，但限于篇幅，本章仅就常用的几种现代管理方法（网络计划技术、线性规划、价值工程）在设备管理和维修中的应用，做一概要介绍。

第一节　网络计划技术

一、网络计划技术的特点

网络计划技术是现代化管理技术中的重要组成部分，广泛应用于工业、农业、军事、商业等各个领域。

网络计划技术的基本原理并不深奥，它的主要思路就是紧紧抓住事物发展的主要矛盾，统筹兼顾，以取得节约资源的效果。人们在工作实践中经常运用这种方法。只是未做科学分析，没有掌握它的规律性。例如，一台机床的大修过程可看成是一个系统，机床的大修任务是由许多工序组成的，如拆卸、清洗、检查、零件修理、零件加工、电气检修与安装、床身与工作台的研合、部件组装、总装和试车等，这些都是机床大修中的技术性工作，与此同时，大修过程中还有许多的组织工作。在同等技术条件下，工序组织得合理与否，会直接影响大修的质量、速度、费用等指标。因此，对工作安排的合理与否至关重要。

网络计划技术是以工作所需的工时为基础，用"网络图"反映工作之间的互相关系和整个工程任务的全貌，通过数学计算，找出对全局有决定性影响的各项关键工作，据以对任务做出切实可行的全面规划和安排。

二、网络计划技术的基础——网络图

网络图是因其形状如网络而得名。它是一种表示一项工程或一个计划中各项工作或各道工序的先后、衔接关系和所需要时间的图解模型。这种图解模型是从某项计划整体的、系统的观点出发，全面地统筹安排人、机、物，并考虑各项活动之间相互依存的内在逻辑关系而绘制的。

（一）网络图的基本组成
网络图是用箭线及节点连接而成的、有序有向的网络图形。

1. 箭线

箭线又称箭杆，在网络图中以 "→" 表示，它代表一个工序和该工序的施工方向。

如：$\xrightarrow[\text{10 月}]{\text{产品试制}}$、$\xrightarrow[\text{5 天}]{\text{挖土方}}$、$\xrightarrow[\text{4h}]{\text{机床维修}}$ 等。箭杆上方写上工序名称，箭杆下方写上该工序所需持续时间，如产品试制需 10 个月，挖土方需 5 天，机床维修需 4h。箭杆可长可短，箭杆长短与持续时间长短无关。箭杆可画为直线，斜线或折线，但曲线仅用于草图。箭杆由箭尾和箭头组成，箭尾表示一项工序的开始，箭头表示一项工序的结束，箭杆的方向表示工作的进行方向。

箭杆对一个节点来说，可分为内向箭杆和外向箭杆两种，指向节点的箭杆称为内向箭杆，由节点引出的箭杆称为外向箭杆，如对图 11-1 的④节点来说，$\xrightarrow{\text{内向箭杆}}④\xrightarrow{\text{外向箭杆}}$ 节点前的是内向箭杆，从节点引出的为外向箭杆。

在网络图中，一项工程是由若干个表示工序的箭杆和节点（圆圈）所组成的网络图形，其中某个工序可以某箭杆代表，也可以某箭杆前后两个节点的号码来代表。如图 11-1 所示，B 工序也可称为②③工序，E 工序也可称为③⑤工序。

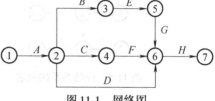

图 11-1　网络图

在网络图中，箭杆表示的工序都要消耗一定的时间，一般地讲，还要消耗一定的资源。凡占用一定时间的过程，都应作为一道工序来看待，如自然状态下冷却、油漆干燥等。

2. 节点

节点又称结点、事件，就是两道或两道以上的工序之间的交接点。一个节点既表示前一道工序的结束，同时也表示后一道工序的开始。节点的持续时间为零。箭尾的节点也称为开始节点，箭头节点也称为结束节点。网络图的第一个节点称为起点节点，它意味着一项工程或任务的开始。最后一个节点称为终点节点，它意味着一项工程或任务的完成。其他节点称为中间节点。指向节点的工序称为内向工序，从节点外引的称为外向工序，如图 11-2 所示。

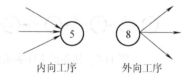

图 11-2　内向工序、外向工序示意图

3. 虚箭杆

它是表示一种虚作业或虚工序，是指作业时间为零的实际上并不存在的作业或工序。在网络图中引用虚箭杆后，可以明确地表明各项作业和工序之间的相互关系，消除模棱两可的现象。特别在运用计算机的情况下，如果不引用虚箭杆，就会产生模棱两可的现象，计算机便无法进行工作。如图 11-3 所示，箭杆②→③既是养护工序又是搬砖工序，没有按原作业顺序要求把两者区别开来，计算机也无法进行工作。正确的画法应增加一个节点，画一条虚箭杆予以区别，如图 11-4 所示。

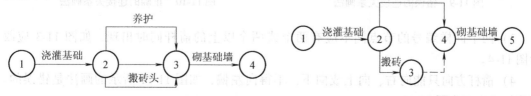

图 11-3　错误的画法　　　　　　　　　图 11-4　正确的画法

在网络图中，为了表现工序间的先后连接关系，经常要增添虚箭杆和节点，例如 C 工序的前项工序是 A 工序，D 工序的前项工序是 A、B 两工序，则应画成图 11-5，在这里虚工序⑧→⑨起着连接 A 工序及 B 工序前后关系的作用。虚箭杆还用来隔开两项不相关的工作。

4. 线路

线路是指网络图中从起点节点顺箭头方向顺序通过一系列箭杆及节点最后到达终点节点的一条条通路。如在图 11-6 中，共有①→②→③→④→⑤→⑥、①→②→③→④→⑥、①→②→③→⑤→⑥……等很多线路，其中用双线标注①→②→④→⑤→⑥称为关键线路。

综上所述，箭杆、节点和线路是构成网络图的三要素。

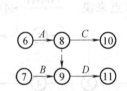

图 11-5　连接关系的画法

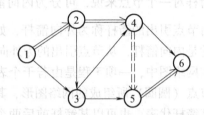

图 11-6　关键路线的画法

（二）绘制网络图的基本规定

1. 箭杆的使用规定

箭杆的使用规定如下：

1）一支箭杆只能表示一道工序。如图 11-7 所示的画法是错的，因为①→②工序 A 工序，④→⑤工序也是 A 工序，而一道工序只允许一支箭杆（如①→②）来表示。如是性质相同的工作，可分别用 A_1、A_2 来表示，就正确了。因此正确的画法应为图 11-8 所示。

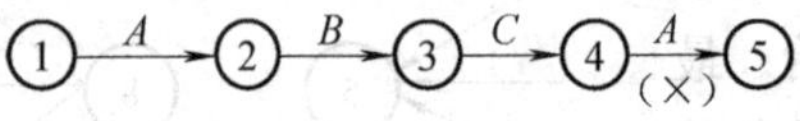

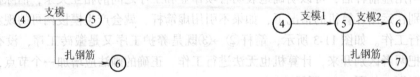

图 11-7　错误的工序表示法

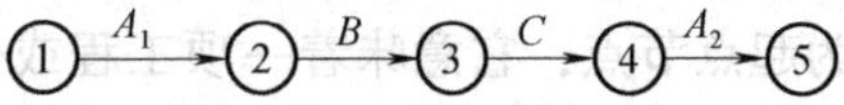

图 11-8　正确的工序表示法

2）一支箭杆的前后都要连接节点圈。如图 11-9 所示的画法就错了。绘图者的原意可能是想在支模开始一定时间后，接着扎钢筋，但画法是错误的。正确的画法应如图 11-10 所示。

图 11-9　错误的连接关系画法

图 11-10　正确的连接关系画法

3）两个同样编号的节点间不应有两个或两个以上的箭杆同时出现，如图 11-3 应改为图 11-4。

4）箭杆方向只能向右、向上或向下，不得向左偏，如图 11-11 所示的画法是错误的。正确的画法应为图 11-12。

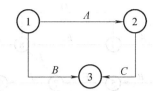

图 11-11　箭杆方向的错误画法

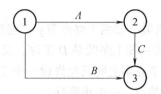

图 11-12　箭杆方向的正确画法

5）不可形成循环回路。

6）不可出现双向箭头，也不可出现无箭头的线段。

7）绘制网络图应尽量避免箭杆的交叉，如图 11-13a 应改为图 11-13b。当交叉不可避免时，可采用搭桥法或指向法，如图 11-14 所示。

以上使用规定 1）~4）项也可概括为：一序一支箭，前后要连圈，圈间不同序，序向勿左偏。

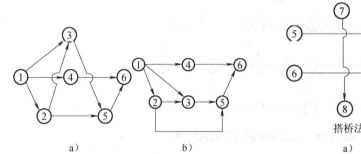

图 11-13　避免箭杆交叉的画法

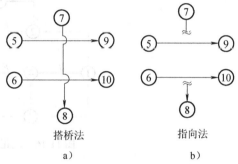

图 11-14　箭杆交叉的表示方法

2. 节点的使用规定

节点的使用规定如下：

1）在一个网络图中只允许有一个起点节点。

2）在一个网络图中一般（除多目标网络外）只允许出现一个终点节点。

3）节点编号均用数码编号，表示一项工作开始节点的编号应小于结束节点的编号，即始终要保证箭尾号小于箭头号。

4）在一个网络图中不允许出现重复的节点编号。

5）编号时可以从小到大、由左向右、先编箭尾、后编箭头地按顺序编号；也可采用非连续编号法，即跳着编，当中空出几个编号，这是为了在修改网络图过程中如果遇到节点有增减时，可以不打乱原编号。

6）起点节点编号可从"1"开始，也可从"0"开始。

7）网络图中要尽量减少不必要的节点和虚箭杆。当某节点只有一条内向虚箭杆和只有一条外向虚箭杆时，这个节点就有可能是多余的。

根据上述的使用规定，检查一下图 11-15 就能发现很多画法上的错误。

1）有①、②、③三个起点节点，按规定只允许有一个起点节点，因此要删除两个节点。

2）有⑪、⑫两个终点节点，必需删除一个。

3）④→⑧工序既是 D 工序，又是 E 工序，按规定两个节点圈之间只允许设一个工序，因此必须增设一个节点、一个虚箭杆。

4）G 工序的节点代号为⑥→⑤，违反节点编号从小到大的原则，应改为⑤→⑥。

5）I 工序向左偏而且节点代号⑧→⑦也违反节点编号从小到大的原则，应改为⑦→⑧。

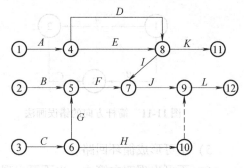

图 11-15　出现多种错误画法的网络图

6）⑥→⑩→⑨线段不但⑩→⑨节点编号错误，而且在⑥节点到⑨节点间既然除了 H 工序以外再没有其他工序，因此⑩节点⑩→⑨虚箭杆都可以精简。

根据以上改错结果，并重新编节点码，正确的画法应如图 11-16 所示。

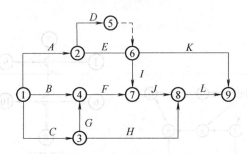

图 11-16　改正错误画法后的网络图

（三）本工序、紧前工序和紧后工序

如以某工序作为正在研究处理的工序，就称其为本工序，那么紧接在本工序之前的工序就称为紧前工序，紧接在本工序之后的工序就称为紧后工序。如图 11-17 所示，为了编列数学模型和计算方便起见，一般用 ij 代表本工序，hi 代表紧前工序，jk 代表紧后工序。紧前、紧后工序的关系又是辩证转移的，如果 hi 工序当作本工序，则 ij 工序又是它的紧后工序；如果 jk 工序当作本工序，则 ij 工序就是它的紧前工序。紧前工序、紧后工序可能有很多条。在上图中 hi 和 $h'i$、jk 和 $j'k$ 都是平行工序。

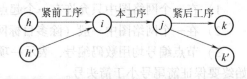

图 11-17　本工序、紧前工序、紧后工序示意图

（四）网络图的绘制

1. 绘制网络图前的准备工作

（1）分工序　把一项工程或一个计划分解成若干个可以独立完成的工序（工作、作业），即为分工序。如捣制混凝土工程可以简单地分成立模、扎钢筋、浇灌混凝土三道工序；设备检修可分成加工准备、设备解体、零部件清洗、焊接修理用支架、零部件组装、支架拆除、总装配、加工机械拆离、调整试车等工序。

上述工序可根据管理范围大小而划分，编成一级、二级、三级网络。一级网络里面一个子项目可以成为二级网络中的总工程项目。例如某钢铁企业的改扩建项目这个一级网络，可分成高炉系统、炼钢系统、焦化系统、耐火材料系统、轧钢系统、水、电、风、气等动力系统、机修加工系统、铁路公路运输系统、生活服务系统等子项目。高炉系统这个二级网络又可分为高炉本炉、热风炉、原料、冲渣、除尘环保、铸铁、运输、水电风气、计量、通信、生活服务等工程。在高炉本体工程这个三级网络中又可细分为基础、炉壳、炉砖、冷却水、煤气阀卷扬、称量车、布料装置、减速机、出铁、出渣等工序，当然根据需要还可以细分下去。

（2）定关系　定关系就是按照各工序作业活动的先后约束条件，确定它们内在的逻辑关系。逻辑关系是指工作进行时客观上存在的一种先后顺序关系，包括工艺上的关系和组织上的关系。

工艺关系是指由工艺所决定的各工作之间的先后顺序关系。这种关系是客观存在的，一般地说是不可变的，如做基础后才能砌筑墙体、砌砖后才能粉刷。

组织关系是指由于劳动力或机械等资源的组织与安排需要而形成的各工作之间的先后顺序关系，它是根据经济效益的需要人为安排的，故组织关系是可以改变的。如劳动、机具、材料等都是可增可减、可先可后的。

（3）定工时　定工时即把各项工作所需要的时间确定下来。

工作时间的确定可以运用工时定额，也可参照经验统计。如没有工时定额也没有以往数据可供参考，则可以用三时估算法来计算。三时估算法的时间值

$$T = (a + 4m + b)/6$$

式中　a——完成某道工序所需最短工作时间，又称最乐观时间；

b——完成某道工序所需最长工作时间，又称最悲观时间；

m——完成某道工序所需最可能工作时间。

在订计划时，能够确切地说出某环节的完成时间，毕竟是少数。一般说来，非肯定型的问题可能更常见些，三时估算法就是尽量将非肯定型转为肯定型，来计划所需的工作时间。

2. 逻辑关系的表达方法

常见的逻辑关系在网络图中的表示方法见表11-1。

表11-1　逻辑关系表达法

序　号	逻辑关系	表达方法
1	A工序完成后进行B工序 B完成后进行C	
2	A完成后同时进行B和C	
3	A和B都完成之后进行C	
4	A和B同时完成之后进行C和D	
5	A完成后进行C A和B都完成后进行D	

（续）

序　　号	逻辑关系	表达方法
6	AB 都完成后进行 D ABC 都完成后进行 E DE 都完成后进行 F	
7	A 完成后进行 DEF B 完成后进行 EF C 完成后进行 F	
8	A 完成后进行 D B 完成后进行 DE C 完成后进行 E	
9	A 完成后进行 CE B 完成后进行 DE	

在实际应用中，我们只要采用紧前、紧后两种逻辑关系表示方法中的一种即可。采用紧前工序表示必须为本工序准备好必备条件后本工序才能开始工作。采用紧后工序表示必须待本工序完成以后，才能为后工序的开始工作做好准备。

三、网络图的时间参数计算

计算网络计划的时间参数，是编制网络计划的重要步骤，可以说，网络计划如果不计算时间参数，就不是一个完整的网络计划。

（一）计算时间参数的目的

1. 确定关键线路

网络图从起点节点顺着箭头方向顺序通过一系列箭杆和节点，最后到达终点节点的一条条道路称为线路。关键线路就是网络图中最重要、需时最长的线路。关键线路上的工序称为关键工序。关键线路的总长度所需时间称为总工期，一般用方框"□"标在终点节点的右方。

关键线路的工期决定整个工期的长短，它拖后一天，总工期就相应拖后一天；它提前一天，则总工期有可能提前一天。

关键线路最少必有一条，也可能有多条。一般来讲，安排得好的计划，往往出现有关零件同时完成，组成部件；有关部件同时完成，进行总装配的情况。这样，关键线路就不是一条了。越好的计划，关键线路越多，作领导的更要全面加强管理，不然一个环节脱节会影响全局。多条关键线路也可以作为劳动竞赛的依据。

关键线路在网络图上可以用带箭头的粗线、双线或红线表示。

2. 确定非关键线路上的机动时间（或称浮动时间、富裕时间）

在一份网络图中，不是关键线路的线路称非关键线路。非关键线路上的工序，由于前后工序及平行工序的作用，使得它被限制在某一段时间之内必须完成，而当该工序的工作持续时间小于被限制的这段时间时，它就存在富裕时间（机动时间），其大小是一个差值，因此也称为"时差"。时差只能是正值或者为零。

一项工程的网络图画出来之后，如果要想提前完成，则要想方设法压缩关键线路的工期。为达此目的，要调动人力物力等资源，要么从外部调整，要么从内部调整。一般认为，从内部调整是较为经济的。从内部调，就是从非关键线路上调。调多少，则要看非关键线路上富裕时间的"富裕"程度，即时差有多少。

3. 时间参数的计算是网络计划调整和优化的前提

通过时间参数的计算，可据以采用各种办法不断改进网络计划，使其达到在既定条件下可能达到的最好状态，以取得最佳的效果。优化内容有时间优化、资源优化和工期优化等。

（二）符号与计算公式

1. 工作时间 t（或称持续时间 D）

工作时间是完成某项工作所需时间。

工作时间可以用劳动定额或历史经验统计资料确定，在无定额或历史资料时也可用三时估算法确定。

时间单位可根据需要分别定为年、月、旬、周、天、址、小时、分等。

t_{ij} 表示本工序的持续时间。

t_{hi} 表示紧前工序的持续时间。

t_{jk} 表示紧后工序的持续时间。

2. 最早可能开工时间（简称早开）ES

（1）定义　紧前工序全部完成、本工序可能开始的时间。

（2）公式　$ES_{ij} = \max(ES_{hi} + t_{hi})$

计算早开是由网络图的第一道工序开始，由箭尾顺着箭头方向依次顺序进行的，直至最后一道工序为止。紧前工序的最早完工时间就是本工序最早可能开工时间，即 $EF_{hi} = ES_{ij}$。当有两个以上紧前工序时，取其最大值。

3. 最早可能完工时间（简称早完）EF

（1）定义　本工序最早可能完工的时间，也就是最早开始时间与持续时间之和。

（2）公式　$EF_{ij} = ES_{ij} + t_{ij}$。

4. 总工期 L_{cp} 或 PT

（1）定义　完成整个工作所需要的时间。在网络计划中，各条线路中所需时间最长的线路时间之和即为总工期。

（2）公式　$L_{cp} = \max EF_{hi}$。

5. 最迟必须完工时间（简称迟完）LF

（1）定义　在不影响全工程如期完成的条件下，本工序最迟必须完工的时间。

（2）公式　$LF_{ij} = \min LS_{jk}$ 或 $LF_{ij} = LS_{ij} + t_{ij}$。

计算迟完是由网络图的终点开始，由箭头往箭尾逆向依次顺序进行的，直至头一道工序为止。紧后工序的最迟必须开工时间就是本工序最迟必须完工时间。当有两个以上紧后工序时，取其最小值。

6. 最迟必须开工时间（简称迟开）*LS*

（1）定义　在不影响全工程如期完成的条件下，本工序最迟必须开工的时间。

（2）公式　$LS_{ij} = LF_{ij} - t_{ij}$。

因为本工序的迟完等于紧后工序的迟开，所以 $LS_{ij} = LS_{jk} - t_{ij}$。如有多个紧后工序，取多个紧后工序的最小值 $LS_{ij} = \min(LS_{jk} - t_{ij})$。

计算最早、最迟时间的方法可概述如下：

计算最早时间由左往右顺着计算，用加法，取大值。

计算最迟时间由右往左逆着计算，用减法，取小值。

7. 工序的总时差 *TF*

（1）定义　工序的总时差指一道工序所拥有的机动时间的极限值。一道工序的活动范围要受其紧前、紧后工序的约束，它的极限范围是从其最早开始时间到最迟完成时间这段时间中，扣除本身作业必须占有的时间之外，所余下的时间，这段时间可以机动使用。它可以推迟开工或提前完工，如可能，它也能继续施工或延长其作业时间，以节约人员或设备。

（2）公式　$TF_{ij} = LS_{ij} - ES_{ij}$ 或 $TF_{ij} = LF_{ij} - EF_{ij}$。

所以，只要计算出工序的 *ES*、*LS* 或 *EF*、*LF*，就可以方便地运用上述公式计算总时差了。

8. 工序的自由时差 *FF*

（1）定义　自由时差是总时差的一部分，是指一道工序在不影响紧后工序最早开始前提下，可以灵活机动使用的时间。这时，工序活动的时间范围被限制在本身最早开始时间与其紧后工序的最早开始时间之间。从这段时间扣除本身的作业时间之后，剩余的时间就是自由时差。

因为自由时差是总时差的构成部分，所以总时差为零的工序，其自由时差也必然为零。一般地说，自由时差只可能存在于有多条内向箭杆的节点之前的工序之中。

（2）公式　$FF_{ij} = ES_{jk} - ES_{ij} - t_{ij}$ 或 $FF_{ij} = ES_{jk} - EF_{ij}$。

在图 11-18 中，*A*、*B*、*C* 有可能存在自由时差。有自由时差的话，也必定有总时差。

四、表格计算法

当网络图比较复杂、工序较多、网络图幅较大时，常用表格法计算时间参数。

例 11-1　某工程可绘成如图 11-19 所示的网络图，现以其为例用表格法计算时间参数。

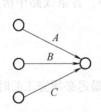

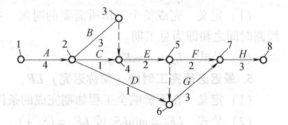

图 11-18　有可能存在自由时差的工序　　　　图 11-19　某工程的网络图

1. 画表格

画出一个 10 列表格，见表 11-2。第 1、2 列是工序的箭尾节点和箭头节点编号，第 3 列是工序持续时间，第 4、5、6、7、8、9 各列分别是有关工序的时间参数，第 10 列是关键线路上的工序。

表 11-2　用表格计算法计算的时间参数

工作		作业时间	最早开始时间	最早结束时间	最迟开始时间	最迟结束时间	总时差	自由时差	关键路线
i①	j②	t_{ij}③	ES④	EF⑤	LS⑥	LF⑦	TF⑧	FF⑨	⑩
1	2	4	0	4	0	4	0	0	√
2	3	3	4	7	4	7	0	0	√
2	4	1	4	5	6	7	2	2	
2	6	1	4	5	8	9	4	4	
3	4	0	7	7	7	7	0	0	√
4	5	2	7	9	7	9	0	0	√
5	6	0	9	9	9	9	0	0	√
5	7	2	9	11	10	12	1	1	
6	7	3	9	12	9	12	0	0	√
7	8	3	12	15	12	15	0	0	√

15

2. 填表格中的原始数据

按题意将网络图中的原始数据填入表格的 1、2、3 列，它们是工序的箭尾、箭头节点编号和工序持续时间。

3. 计算 ES 和 EF

计算最早时间时，从表上方往表下方运算，先算 ES，再算 EF。先算从起点节点引出的工序①②，其早开 ES 为零，其早完 EF 就是它的持续时间 4，分别填入第 4 列和第 5 列。接着计算工序①②的紧后工序②③、②④、②⑥的早开 ES，按照定义，原则是：取其紧前工序中早完 EF 的最大值。易知为 4，填入相应的第 4 列中，有了 ES，再加上该工序的持续时间即得其 EF 值。这样，可依此原则将其他各项工序的 ES 与 EF 填入第 4、5 两列。根据定义，所有工序中 EF 的最大者即为总工期，本题的总工期为 15。

4. 计算 LF 和 LS

计算最迟时间时，从表下方往表上方运算，先算 LF，再算 LS。先算进入终点节点的工序⑦⑧，其迟完 LF 为总工期，即为 15，则其迟开 LS 为其 LF 减去持续时间，为 12。接着计算工序⑤⑦、⑥⑦的 LF，原则是：取其紧后工序中 LS 的最小值。易知为 12，而其 LS 为其 LF 减去持续时间，分别填入相应的第 6、7 列中。这样，可依此原则将其他各项工序的 LF 与 LS 填入第 6、7 两列。

5. 计算 TF 和 FF

第 8 列是工序的总时差 TF，可由各工序在第 6 列与第 4 列的数字相减，或由第 7 列与第 5 列的数字相减得出。接着计算工序的自由时差 FF，凡总时差为零的各工序，其自由时差必为零，可先将它们直接填入第 9 列中；其他工序的 FF，可以用其紧后工序的早开 ES 减去本工序早完 EF。如对②④工序，可以找由④号节点开头的工序的早开 ES（为 7），减去②④工序的早完 EF（为 5），即得其 TF 为 2。若本工序是与终点节点相连的工序，此时可用总工期（即紧后工序早开 ES）减去本工序的早完 EF。

6. 确定关键工序

在第 10 列中，将第 8 列 TF 为零的工序用符号"√"标明，它们便是关键线路的组成部分。在网络图上将带符号"√"的工序用双线标出，即得关键路线。

五、网络计划的调整与优化

在编制一项工程计划时，企图一下子达到十分完善的地步，一般说来是不太可能的。初始网络的关键线路往往拖得很长，非关键线路上的富裕时间很多，网络松散，任务周期长。通常在初步网络计划方案制订以后，需要根据工程任务的特点，再进行调整与优化，从系统工程的角度对时间、资金和人力等进行合理匹配，使之得到最佳的周期、最低的成本以及对资源最有效的利用的结果。

结合不同的要求，对网络进行优化的方法也各有不同，下面对几种常见的优化方法作一简要介绍。

1. 工程进度的优化

在资源条件允许的条件下，应尽量缩短工程进度，使之尽快投入使用，以提高经济效益。这里通常可供选择的技术、组织措施是：

1）检查工作流程，去掉多余环节。

2）检查各工序工期，改变关键线路上的工作组织。

3）把串联工序改为平行工序或交叉工序。

4）调整资源或增加资源（人力、物力、财力）到关键线路上的关键工序上去。

5）采取技术措施（如采用机械化、改进工艺、采用先进技术）和组织措施（如合理组织流程，实现流程优化）。

6）利用时差，从非关键工序上抽调部分人力、物力集中于关键工序，缩短关键工序的时间。

2. 成本优化

完成一个工序常常可以采用多种施工方法和组织方法，因此完成同一工序就会有不同的持续时间和成本（或称费用）。由于一项工程是由很多工序组成的，所以安排一项工程计划时，就可能出现多种方案，它们的总工期和总成本也因此而有所不同。如何在诸方案中选择最优或较优方案，就是要研究的范围。由于成本优化往往是和工期密切相关的，所以又称工期-成本优化或工期-费用优化。

工程的成本是由直接费、间接费、奖罚费等构成的。

直接费由材料费、人工费、机械费等构成。由于所采用的施工方案不同，它的费用差异很大。间接费包括施工组织和经营管理的全部费用。奖罚费是在考虑工程总成本时，考虑可能因拖延工期而罚款的损失或提前竣工而获得的奖励，甚至也应考虑因提前投产而获得的收益。

对于一个企业来说，不论缩短工期或延长工期，都要衡量利弊。要缩短工期，就要采取措施，如增加设备、增调人员、加班加点、夜间照明以及施工中的混凝土早强、雨季遮拦、冬季保暖等，就会引起直接费的增加。但由于工期缩短，也会带来管理费用、工资费用的减少，以及提早投产带来的经济效益。对一个企业来说，当然希望有利可得，这就要借助工期－成本优化这门技术来加以解决。它有助于合理安排工期，合理使用资金，降低成本开支，提高经济效益。

3. 资源优化

一个部门或单位在一定时间内所能提供的各种资源（劳动力、机械及材料）是有一定限度的，此外还有一个如何经济而有效地利用这些资源的问题。在资源计划安排时有两种情况：一种情况是网络计划需要资源受到限制，如果不增加资源数量（例如劳动力），有时也会使工期延长，或者不能进行（材料供应不及时）；另一种情况是在一定时间内如何安排各工序活动时间，使可供资源均衡地消耗。资源消耗是否平衡，将影响企业管理的经济效果。例如网络计划在某一时间内空心砖消耗数量比平均数量高出 50%，为了满足计划进度，供应部门就得突击供应，将使大量空心砖进入现场，不仅增加二次搬运费用，而且会造成现场拥挤，影响文明施工，劳动部门也因瓦工需要量突然增多而感到调度困难。当瓦工数量不足时，就得突击赶工，加班加点，以致增加各项费用。这都将给企业带来不必要的经济损失。

资源优化的目的是，在资源有限条件下，寻求完成计划的最短工期，或者在工期规定条件下，力求资源均衡消耗。通常把这两方面的问题分别称为"资源有限，工期最短"和"工期固定，资源均衡"。

第二节　线性规划

一、线性规划的概念及作用

线性规划是合理利用、调配资源的一种应用数学方法。它的基本思路就是在满足一定的约束条件下，使预定的目标达到最优。它的研究内容可归纳为两个方面：一是系统的任务已定，如何合理筹划，精细安排，用最少的资源（人力、物力和财力）去实现这个任务；二是资源的数量已定，如何合理利用、调配，使任务完成的最多。前者是求极小，后者是求极大。线性规划是在满足企业内、外部的条件下，实现管理目标和极值（极小值和极大值）问题，就是要以尽少的资源输入来实现更多的社会需要的产品的产出。因此，线性规划是辅助企业"转轨""变型"的十分有利的工具，它在辅助企业经营决策、计划优化等方面具有重要的作用。

线性规划是运筹学规划论的一个分支。它发展较早，理论上比较成熟，应用较广。20世纪 30 年代，线性规划从运输问题的研究开始，在第二次世界大战中得到发展。现在已广泛地应用于国民经济的综合平衡、生产力的合理布局、最优计划与合理调度等问题，并取得了比较显著的经济效益。线性规划的广泛应用，除了它本身具有实用的特点之外，还由于线性规划模型的结构简单，比较容易被一般未具备高深数学基础，但熟悉业务的经营管理人员所掌握。它的解题方法，简单的可用手算，复杂的可借助于电子计算机的专用软件包，输入数据就能算出结果。

线性规划的研究与应用工作，我国开始于 20 世纪 50 年代初期，中国科学院数学所筹建了运筹室，最早应用在物资调运筹方面，在实践中取得了成果，在理论上提出了论证。目前，国内高等学校已将其列为运筹学中必选的课程内容之一，在实际应用方面也已列入重点企业试点和研究项目之一。

二、线性规划模型的结构

企业是一个复杂的系统，要研究它必须将其抽象出来形成模型。如果将系统内部因素的相互关系和它们活动的规律用数学的形式描述出来，就称之为数学模型。线性规划的模型决定于它的定义，线性规划的定义是：求一组变量的值，在满足一组约束条件下，求得目标函数的最优解。

根据这个定义，就可以确定线性规划模型的基本结构。

（1）变量　变量又称为未知数，它是实际系统的未知因素，也是决策系统中的可控因素，一般称为决策变量，常引用英文字母加下标来表示，如 X_1，X_2，X_3，X_{mn} 等。

（2）目标函数　将实际系统的目标，用数学形式表现出来，就称为目标函数，线性规划的目标函数是求系统目标的数值，即极大值，如产值极大值、利润极大值或者极小值，如成本极小值、费用极小值、损耗极小值等。

（3）约束条件　约束条件是指实现系统目标的限制因素。它涉及企业内部条件和外部环境的各个方面，如原材料供应、设备能力、计划指标、产品质量要求和市场销售状态等，这些因素都对模型的变量起约束作用，故称其为约束条件。

约束条件的数学表示形式为三种，即≥、=、≤。线性规划的变量应为正值，因为变量在实际问题中所代表的均为实物，所以不能为负。在经济管理中，线性规划使用较多的是下述几个方面的问题：

1）投资问题——确定有限投资额的最优分配，使得收益最大或者见效快。

2）计划安排问题——确定生产的品种和数量，使得产值或利润最大，如资源配置问题。

3）任务分配问题——分配不同的工作给各个对象（劳动力或机床），使产量最多、效率最高，如生产安排问题。

4）下料问题——如何下料，使得边角料损失最小。

5）运输问题——在物资调运过程中，确定最经济的调运方案。

6）库存问题——如何确定最佳库存量，做到既保证生产又节约资金等。

应用线性规划建立数学模型的三步骤：

1）明确问题，确定问题，列出约束条件。

2）收集资料，建立模型。

3）模型求解（最优解），进行优化后分析。

其中，最困难的是建立模型，而建立模型的关键是明确问题、确定目标，在建立模型过程中花时间、花精力最大的是收集资料。

三、线性规划的应用实例

例 11-2　某工厂甲、乙两种产品，每件甲产品要耗钢材 2kg、煤 2kg，产值为 120 元；每件乙产品要耗钢材 3kg，煤 1kg，产值为 100 元。现钢厂有钢材 600kg，煤 400kg，试确定甲、乙两种产品各生产多少件，才能使该厂的总产值最大？

解　设甲、乙两种产品的产量分别为 X_1、X_2，则总产值是 X_1、X_2 的函数

$$f(X_1, X_2) = 120X_1 + 100X_2$$

资源的多少是约束条件：

由于钢的限制，应满足 $2X_1 + 3X_2 \leqslant 600$；由于煤的限制，应满足 $2X_1 + X_2 \leqslant 400$。

综合上述表达式，得数学模型为

求最大值（目标函数）：　$f(X_1, X_2) = 120X_1 + 100X_2$

$$2X_1 + 3X_2 \leqslant 600$$

$$2X_1 + X_2 \leqslant 400$$

$$X_1 \geqslant 0, \ X_2 \geqslant 0$$

X_1，X_2 为决策变量，解得 $X_1 \leqslant 150$ 件，$X_2 \leqslant 100$ 件

$$f_{max} = (120 \times 150 + 100 \times 100) 元 = 28000 元$$

故当甲产品生产 150 件、乙产品生产 100 件时，产值最大，为 28000 元。

例 11-3　某工厂在计划期内要安排甲、乙两种产品。这些产品分别需要在 A、B、C、D 四种不同设备上加工。按工艺规定，产品甲和乙在各设备上所需加工台数列表于表 11-3 中。已知设备在计划期内的有效台时数分别是 12、8、16 和 12（一台设备工作 1h 称为一台时），该工厂每生产一件甲产品可得利润 20 元，每生产一件乙产品可得利润 30 元。问应如何安排生产计划，才能得到最多利润？

表 11-3　加工台时数

设　备	A	B	C	D
甲	2	1	4	0
乙	2	2	0	4

解　1）建立数学模型

设 X_1、X_2 分别表示甲、乙产品的产量，则利润是 $f(X_1, X_2) = 20X_1 + 30X_2$，求最大值。

设备的有效利用台时为约束条件：

A：$2X_1 + 2X_2 \leqslant 12$

B：$X_1 + 2X_2 \leqslant 8$

C：$4X_1 \leqslant 16$

D：$4X_2 \leqslant 12$

$X_1 \geqslant 0, X_2 \geqslant 0$

2）求解未知数

$X_1 \leqslant 4$、$X_2 \leqslant 3$，但由式（1）、式（2）得 $X_1 \leqslant 4$、$X_2 \leqslant 2$，所以取 $X_1 \leqslant 4$、$X_2 \leqslant 2$，故

$$f_{max} = (20 \times 4 + 30 \times 2) 元 = 140 元$$

3）结论：在计划期内，安排生产甲产品 4 件、乙产品 2 件，可得到最多的利润（140 元）。

例 11-4　某工厂为维修全厂某类设备制造备件，需由一批 5.5m 长的相同直径的圆钢截取 3.1m、2.1m、1.2m 的坯料。每台设备所需的件数如表 11-4 所示。用 5.5m 长的圆钢截取上述三种规格的零件时，有下列五种截取方法可供选择，如表 11-5 所示。问当设备总数

表 11-4　每台设备所需的件数

规格/m	每台设备所需件数
3.1	1
2.1	2
1.2	4

为100台时，采取何种方案可使5.5m的圆钢用料最省？

表11-5　五种截取方法

方　案	截取3.1m的根数	截取2.1m的根数	截取1.2m的根数	所剩料头/m
1	1	1	0	0.3
2	1	0	2	0
3	0	2	1	0.1
4	0	0	2	2
5	0	0	4	0.7

假设：

按第一方案截取的5.5m长的圆钢数为X_1

按第二方案截取的5.5m长的圆钢数为X_2

按第三方案截取的5.5m长的圆钢数为X_3

按第四方案截取的5.5m长的圆钢数为X_4

按第五方案截取的5.5m长的圆钢数为X_5

据此列表11-6：

表　11-6

方案	3.1m的根数	2.1m的根数	1.2m的根数
1	X_1	X_1	0
2	X_2	0	$2X_2$
3	0	$2X_2$	X_3
4	0	X_4	$2X_4$
5	0	0	$4X_5$

因为设备总台数为100台，所以按各方案截取的零件数必须满足下列约束条件：

$$X_1 + X_2 = 100$$
$$X_2 + 2X_3 + X_4 = 200$$
$$2X_2 + X_3 + 2X_4 + 4X_5 = 400$$
$$X_1, X_2, X_3, X_4, X_5 \geq 0$$

目标函数为　　　　　　$f_{min} = X_1 + X_2 + X_3 + X_4 + X_5$

通过计算机运算得最优解为$X_1 = 0$、$X_2 = 100$、$X_3 = 100$、$X_4 = 0$、$X_5 = 25$，故最优值（最省方案）为$f_{min} = 225$根。

四、线性规划问题的图解法

对于只有两变量的线性规划问题，可以用图解法求最优解，其特点是过程清楚、图形清晰。

例11-5　设有一线性规划问题表达式（包括目标函数、约束条件）如下

$$f_{max} = 50X_1 + 40X_2$$
$$X_1 + X_2 \leq 450 \tag{11-1}$$
$$2X_1 + X_2 \leq 800 \tag{11-2}$$
$$X_1 + 3X_2 \leq 900 \tag{11-3}$$
$$X_1, X_2 \geq 0 \tag{11-4}$$

以X_1，X_2为坐标，当式（1）为等式，即$X_1 + X_2 = 450$时，在X_1，X_2坐标系，它是一条直线，但式（1）不是等式，而是$X_1 + X_2 \leq 450$，即在式（1）表示的约束条件中给定的不仅是在直线上的所有点，而是在直线$X_1 + X_2 = 450$左下部一个广大的区域（包括直线在内的阴影线部分），如图11-20所示，例如$X_1 = 0$、$X_2 = 0$，$X_1 = -5$、$X_2 = 0$，$X_1 = 3$、$X_2 = -3$等，都是满足式（1）的点。

同理，也可以在 X_1，X_2 坐标系中画出式（2）、（3）、（4）所决定的 4 条直线，连同式（1），共 5 条直线，如图 11-21 所示。

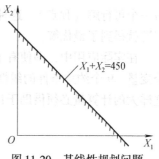

图 11-20　某线性规划问题

由图 11-21 所示的 5 条直线所围成的一个凸多边形，就是约束条件给定的区域，其中所有的点都满足约束条件的要求。实际上，它表示一个由凸多边形内无数多个点所组成的集合，称为凸集。那么，怎样从无穷多中求出使目标函数值最大的点呢？

解　由于目标函数 $f = 50X_1 + 40X_2$，在 f 为一定值时也是一条直线，其斜率为 $-40/50$。当 f 为不同值时，在 X_1，X_2 坐标系中实际上是一系列的平行线，则尽管在每一条直线上 X_1、X_2 取不同的值，f 总是某一定值。例如图 11-22 中的直线 I，当 $X_1 = 0$、$X_2 = 0$ 时；当 $X_1 = 4$、$X_2 = -5$ 时 $f = 0$；因此称直线 I 为 f 的某一等直线（此处为零）。

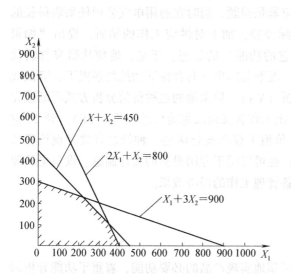

图 11-21　某线性规划问题中的约束条件

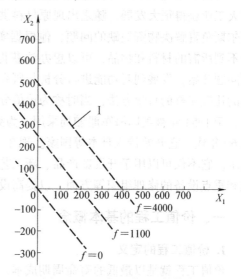

图 11-22　目标函数 f 的等值线

由于直线 I 是等直线，而且斜率相等，它们又是一系列平行线，因此只要画出其中任意的一条线，将它们平移到某个与凸集相交的极限位置，所得的交点就是既满足约束条件（在凸集范围内），又使 f 值为最大的一个最优解。如图 11-23 中的点，$X_1 = 350$，$X_2 = 100$，$f = 21500$。

上面介绍的图解法虽然简单直观，但只有在变量为两个的情况下才能实现；当变量数增多时，图解法就无法满足了。这时，就要用解析计算的方法——单纯形法来求解。单纯形法的基本思路是：根据问题的标准型（等价的把不等式改为等式），从可行域中一个基本可行解（顶点）开始转换到

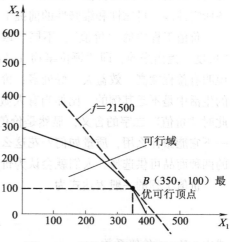

图 11-23　某线性规划问题的最优解

另一个可行解（顶点）。这种过程称为"迭代"，每迭代一次都使目标函数达到最大值时，问题就得到了最优解。

在实际应用中，即使有了单纯形的解法，仍不能应付复杂情况的求解，如以一个有 77 个变量、9 个约束条件的线性规划问题为例，用单纯形法进行手工计算约需 120 工作小时，这样大的计算量必须借助于计算机来完成。

第三节 价 值 工 程

价值工程，简称 VE。它是一门新的管理技术，是一种以提高产品价值为目标的定量分析方法。价值工程是从研究功能出发，利用集体的智慧，探索如何合理地利用人力与物力资源，乃至时间和空间资源，提供能够满足用户的价廉物美的产品或劳务。

价值工程是 1947 年由美国人麦尔斯（L. D. Miles）创立的。第二次世界大战期间，美国军火工业获得很大发展，随之出现原材料供应紧张问题。当时在通用电气公司任采购科长的麦尔斯负责解决物资短缺的问题，他根据实际经验，加上对供应工作的钻研，提出"如果得不到所需的材料和物品，可以想办法获得它的功能"的设想。于是，他便从研究材料代用问题开始，发展到对功能进行分析与研究，逐渐总结出一套在保证功能的前提下，降低成本的比较完整的科学方法，当时称为价值分析（VA）。后来他的这种价值分析方式不断被完善，于 1954 年被美国海军船舶局采用，为突出工程含义而改称为价值工程（VE）。到 20 世纪 60 年代，它开始传入日本等国家。现在，价值工程已被公认是一种行之有效的现代管理技术。它不仅可以用于开发新产品、新工艺；也可以用于专用设备的设计制造、设备更新改造和重点设备的修理组织等方面，以提高设备管理工作的经济效果。

一、价值工程的基本概念

1. 价值工程的定义

价值工程就是以最低的寿命周期成本，可靠地实现产品的必要功能，着重于功能分析的有组织的活动，这是价值工程的广义定义。仅从设备管理的角度考虑，价值工程是在满足设备所需性能、可靠性和维修性的前提下，使总费用达到最小的一种系统方法。

价值工程中的"价值"，不同于政治经济学中的商品价值。在这里，价值是作为一种"尺度"提出来的，即"评价事物（产品或作业）有益程度"的尺度。相对而言，价值高，说明有益程度高、效益大、好处多；价值低，说明有益程度低、好处不大。这一概念在人们的生活中是不乏其例的。比如当有人做事欠妥时，别人可以说："你做的这件事毫无价值。"此时"价值"二字的含义，显然是价值工程中的价值概念。再如人们购买物品时总要考虑一下它能做什么用，质量如何？花这么多钱买它值不值得？假如功能完全一样，而价格不同的两种商品可供选择，人们就会认为价格低的那种商品的价值高，也就愿意买它。

价值工程的一般表达式为

$$V = \frac{F}{C}$$

式中 V——价值系数；

F——价值化了的功能；

C——寿命周期成本。

仅从设备管理角度考虑，则 V 表示设备或某项维修作业的特定价值；F 表示设备或维修作业的功能；C 表示设备或维修作业的成本。

2. 价值工程的特点

1）价值工程是以提高产品价值为目的的。也就是用最低的寿命周期成本实现必要的功能，使用户和企业都得到最大的经济利益。因此，价值工程既不是单纯降低费用，而是以满足用户要求为前提，在保证产品必要功能和质量的条件下，以最低的寿命周期费用使产品具有这种功能。

2）价值工程是以功能分析为核心的。价值工程不是通过一般性措施来降低成本，而是通过对功能的系统分析，找出存在的问题，提出更好的方法来实现功能，从而达到降低成本的目的。这样降低成本，就有了可靠的依据，方法也更科学，因而也就能取得比较大的成果。

3）价值工程是一种依靠集体智慧所进行的有组织、有领导的系统活动。利用价值工程研究提高产品的价值，要涉及整个生产过程和各部门、各单位的工作，因此必须依靠全体职工，有计划、有组织地进行。

3. 提高价值的途径

在设备管理中，价值工程的目的，就是尽量提高设备或维修作业这种特定的价值，从工程的一般表达式可以看出，提高特定价值的途径有：

1）功能不变，用降低成本的方法提高价值：$V\uparrow = \dfrac{F}{C\downarrow}$。

2）成本不变，用提高功能的方法提高价值：$V\uparrow = \dfrac{F\uparrow}{C}$。

3）既提高功能又降低成本，这是提高价值的是最佳方法：$V\uparrow = \dfrac{F\uparrow}{C\downarrow}$。

4）小幅度提高成本，大幅度提高功能的方法来提高价值：$V\uparrow = \dfrac{F\uparrow\uparrow}{C\downarrow}$。

5）小幅度降低功能，大幅度降低成本的方法来提高价值：$V\uparrow = \dfrac{F\downarrow}{C\downarrow\downarrow}$。

二、价值分析的方法

（一）选择对象

每台设备都由零部件组成，在对设备进行设计制造、现代化改装以及维修时，要对全部零部件作价值分析既无必要，也不经济。因此，必须采用一种方法找出部分零部件作为价值工程的改进对象，这就是通常采用的 ABC 分析法。这种方法就是质量管理所说的排列图法，也称为帕累托法。通过这种方法找出占设备成本 80% 左右，占零件 20% 以下的主要零部件作为重点对象。具体做法是：首先作直角坐标图，纵坐标表示零件成本占设备总成本的百分比，横坐标表示零件种数，将设备的零件按数量大小从小到大排列在横坐标上；然后依次以各零件的成本占设备总成本的比重为高作矩形图，再用曲线将算出的零件累计成本百分比连接起来，通过横坐标的直线，与累计曲线相交。在此交点左边的零件，就是零件累计成本占设备总成本80%的主要零件。

从图11-24可看出，前面三种零件占零件总数的20%左右，而这三种零件的累计成本占设备总成本的80%，所以这三种零件都属于A类零件，即主要零件；C类零件是品种多达70%~80%，成本只占10%~15%的那些零件；B类零件是除A、C类外的其余零件。

例如某厂计划对该厂生产的中型异步电动机开展价值工程活动。用ABC分析法选择对象，其方法是：

首先对每个零部件的成本进行分析，然后按成本大小排队，填列于表11-7中；其次作图，以零件种数为横坐标，以成本百分比为纵坐标，如图11-25所示。

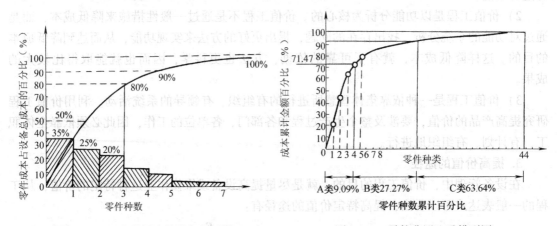

图11-24　ABC分析法的直角坐标图　　　　图11-25　零件费用比重排列图

表11-7　异步电动机零部件成本分析

零件序号	零件名称	件　　数			成　　本			分　　类
		数量	累计	累计件数百分比（%）	每件成本	累计成本	累计成本百分比（%）	
001	定子线圈	1	1	2.27	556.0	556.00	21.86	A_1 ⎫
002	转子冲片	1	2	4.55	548.89	1104.89	43.42	A_2 ⎬ 4件
003	定子冲片	1	3	6.82	521.78	1626.67	63.93	A_3 ⎭
004	端盖	1	4	9.09	191.76	1818.43	71.47	A_4
005	机座	1	5	11.36	180.00	1998.43	78.54	B_1 ⎫
⋮	⋮	⋮	⋮	⋮	⋮	⋮	⋮	⋮ ⎬ 12件
012	轴承内盖	1						B_{12} ⎭
⋮	⋮	⋮	⋮	⋮	⋮	⋮	⋮	C_1 ⎫ ⎬ 28件
050	M12垫圈	1	44	10000	0.02	2544.45	100.00	C_{28} ⎭
合计		44	44	100	2544.45	2544.45	100	

由此可以看出，从44种零件中选出4种作为价值工程的活动对象，这4种占成本构成的71.47%。

(二) 收集情报

确定主要零件之后，就可以围绕这些零件来收集技术经济情报，情报的内容包括零件的制造成本、加工工艺、材质和工作条件等。

（三）功能分析

当价值工程对象确定后，便着手对围绕它搜集到的有关情报资料进行功能分析。价值工程的主要工作就是系统地分析产品、产品部件、组件、零件或一项工程以及工程项目的功能，找出提高价值的途径。

1. 功能分析的作用

1）经过功能分析，常常可以发现完全可以省掉的不必要的零部件。例如，对某些电气用品和无线电、仪器等产品的零部件进行功能分析时，有时发现有 110～220V 的转换装置。这些产品如果不外销，则在国内已无用处，因为我国早已没有用 110V 输电的地区了。

2）经过功能分析，常常可以找到替代的更便宜的材料制造某些零部件，甚至整个产品，如以塑代钢，生产塑料机械零件，既便宜又耐酸、防锈。用别的材料代替，必须经过功能分析，不然就不知道能否代替得了。

3）经过功能分析，常常可以改进原有的设计。例如矿工用的矿灯，当了解到它的功能是下矿井时随身带着去照明工作面的时候，就会想到光亮度要高、重量要轻，这样就能指导设计，提高灯的亮度和向轻型、小型发展。

4）经过功能分析，常常可以启发工艺的改进。例如，当了解到某一部件可不计较外观的时候，有些地方对表面粗糙度值的要求可降低一些，这样就可以省掉几道加工工序。

5）经过功能分析，还常常可以发现某些零部件的制造公差要求太高。例如，某一机件的功能是为玩具配套用的，其制造公差可适当降低。

2. 功能分类

一台设备或者一个零件并不是只有一个功能，因此，组成一台设备的若干个零部件常具有为数众多的功能。这些功能的性质及其重要程度是各不相同的，为了识别产品及其零部件的功能性质，需要对功能进行分类，以便改进产品结构，剔除不必要的或过剩的功能而增补不足的功能，或开拓新的功能，以满足用户需要，这是功能分类的目的。

（1）按重要性分类

1）基本功能。基本功能是产品得以独立存在的基础，是实现设备用途必不可少的功能，是用户购买该设备的目的。一般来说，用户在购买设备时，要对设备提出各种要求，这就构成了设备的总体功能，其中能满足用户基本要求的那一部分功能，就是设备的基本功能。例如，矿灯的基本功能是发光照明，变速箱的基本功能是改变速度，钻床的功能是钻孔等。

2）辅助功能。辅助功能是实现基本功能的手段，是为了有效地实现基本功能而由产品设计者附加上去的功能。它的作用是相对基本功能来说的，是次要的。例如，手表的基本功能是计时精确，但采用什么手段实现这一基本功能？是机械摆动，还是石英振荡；是指针显示，还是液晶显示；是夜光显示，还是照明显示。再如，变速机构的基本功能是改变速度，在设计时，是采用齿轮变速还是采用带变速；是机械变速，还是液压变速。这也是设计者为实现改变速度这一基本功能而附加上去的辅助功能。

正因为辅助功能是由设计者附加上去的二次性能，所以，它是可以改变的。对一个系统设计方案来说，辅助功能是必不可少的。但是在不影响基本功能的前提下是可以改变的。由于辅助功能中常常包含不必要功能，而且辅助功能在设备成本中占的比重很大，有时可高达70%~80%，因此，价值工程的直接目标和工作重点往往是针对辅助功能而展开的，改善辅助功能和消除不必要的功能，可以大大降低成本。

（2）按性质分类

1）使用功能。凡是从设备使用目的方面所提出的各项特性要求都属于这种功能。例如，人们所需要的把新鲜物品冷冻起来无害保存的功能，就是电冰箱的使用功能。

2）美观功能。它是指设备外观、形状、色彩、气味、手感和音响等方面的功能，即人们对美的享受功能。例如，人们对钢笔的需求，既要求它使用起来方便、好用，而且又要求它外观漂亮。

一般消费品都同时有外观功能和使用功能，而对于机器设备而言，基本上只看它的使用功能。至于装在机器内部的零部件，只要有使用功能，在外观美学上不过分要求。

（3）按用户要求分类

1）必要功能。这是指设备符合使用者所要求的必须具备的作用或功能，即设备的使用价值。如果一台设备的功能低，就满足不了使用者的需要；如果过高，则超过了实际需要，即使用者在使用过程中有多余的功能根本用不上；如果一台设备各个零部件的自然寿命不是相等的，也自然会给使用者造成一定的浪费。

2）不必要功能。这是指使用者不需要的功能，即多余的功能。例如，在手表上装上指南针，对于一般人来讲，根本用不上，这就是不必要的功能。在产品中往往包含这种功能，原因一部分是由于设计者没有掌握功能的本质，或者是没有对准用户的要求；另一部分则是因为设计不合理而造成的。

3）过剩功能。这种功能是指超过使用者所需要的某种用途或特性值。例如，在设计时，对公差的精度、材料的质量、安全系数等要求过高；或在生产过程中大材小用、优材劣用、整料零用等。

3. 功能分析

功能分析是价值工程的核心。用户在购置设备时，有着明确的目的，如果所要求的功能没有满足，设备价值就大大下降；但是当功能超过用户实际需要时，费用增加，价值也降低了。因此，在实际工作中要尽量避免功能不足或功能过剩的现象。功能分析包括功能定义、功能整理和功能评价三部分。

（1）功能定义 功能是指特定产品及其组成零部件所具有的性能、用途。给功能下定义就是用简明的语言来描述产品的作用，在实践中常用一个动词加一个名词的简单语句给功能下定义。例如，表11-8中的主语是需要定义的产品或零件名称，然后用动词和名词表述其功能。

用动词和名词表述的功能，应是产品或零件最本质的东西，即效用。在实际工作中，为了不局限于用动词和名词表述现有主语（即产品或零件名称），往往可以撇开"主语"，仅用动词和名词来表示待定主语的功能，以利于创造出新的承担功能的对象。

为便于功能评价，给功能下定义的名词要采用可测定的名词。表11-9中的例子说明："电流"和"质量"可以用数量测定，而"电"和"桌面"是不能测定的，不符合要求。

表 11-8　定义功能的用语

主　语	动　词	名　词
灯泡	发	光
电磁铁	产生	吸力
电池	储存	电能
电线	传导	电流

表 11-9　定义功能用语的优劣

承担功能的对象	功能定义，不好		功能定义，好	
	动词	名词	动词	名词
电线	传	电	传导	电流
桌腿	支承	桌面	支承	质量

功能定义中使用的动词，要有利于发挥创造性，不要使所指的面狭窄而妨碍扩大思路。比如给钻床下定义，要抓住的是它的功能，下了定义后，要撇开现有的承担功能的对象，创造未来的承担功能的对象。因此，给钻床下的定义是"钻孔"，而"打孔"不如"钻孔"好。这样，思考的范围一步一步有所扩大。要记住的是，定义下的好坏，直接与要求达到的目的有关。

给功能下定义要一个一个地进行，有的部件只能实现一种功能，而有的部件则有几种功能，每一种功能都要下定义。显然，多功能的部件好，可使成本降低。一项一项地下定义，可以把存在的问题暴露出来，使设计水平得以提高。

需要说明的是，在给功能下定义时，是不考虑实现功能的条件的。但是，在产品设计时，就要考虑这些条件。

（2）功能整理　功能整理就是排列设备的功能系统图。在设备和产品的许多功能之间，存在着上下关系和并列关系。功能的上下关系，是指在一个功能系统中某些功能之间存在着目的和手段关系。如甲功能是乙功能的目的，乙功能是实现甲功能的手段；而乙功能可能又是丙功能的目的，丙功能则是实现乙功能的手段，依此类推。目的功能成为上位功能（放在左边），手段功能成为下位功能（放在右边）。上下位功能都是相对的，一个功能对于它的下位功能来说是目的，对它的上位功能来说则是手段。当对一个功能追问"它的目的是什么"时，就可以找到它的上位功能；当追问"它的手段是什么"时，就可以找到它的下位功能。以 LED 光源为例，对于发光这一目的，"激发 PN 结"则是手段；对于"激发 PN 结"这个目的，"通过电流"又是手段，这种关系可用图 11-26 表示。如果称"发光"是上位功能，"激发 PN 结"则是下位功能；如果称"激发 PN 结"是上位功能，"通过电流"则是下位功能。

再如，保温杯有保持水温的功能。怎样保持水温呢？这就要防止容器散热，而防止容器散热又要采取许多手段，如减少热传导、减少热对流、减少热辐射等。其关系如图 11-27 所示。

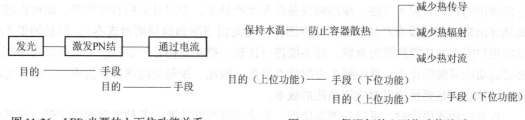

图 11-26　LED 光源的上下位功能关系　　　图 11-27　保温杯的上下位功能关系

通过寻找目的功能，可以发现较模糊的设计构思，及时剔除多余功能和不必要功能；通过寻找和比较手段功能，可以采用先进、节约的技术代替陈旧、落后的东西。把上述功能的目的手段关系初步排队，成为一个分系统，称为"功能区"，或称为"功能领域""功能范围"（图11-28）。功能的并列关系是指在较复杂的功能系统中，在上位功能之后，往往有几个并列的功能存在，这些并列功能又可能各自形成一个子系统。分功能 F_1、F_2、F_3 都是并列关系；子功能 F_{11}、F_{12}、F_{13}；F_{21}、F_{22}、F_{23}；F_{31}、F_{32}、F_{33} 是并列关系；而 F_0 与 F_1、F_2、F_3 是从属关系。

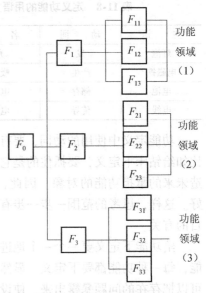

图 11-28　功能系统图

功能领域反映了功能之间的依存关系。改进功能时可以选一个功能作为对象进行分析，尽可能地从功能区的上位功能入手可较大幅度地提高产品的价值。

功能系统图——组合各功能领域并进行排队的图。从左到右按每个功能的子功能或下位功能排下去，直到最后列出可以直接提供这种功能的零件。从右到左寻找目的功能。按顺序一直找到到产品的基本功能——最上位功能（图11-28）。

功能系统图是一个完整的产品的功能体系，它反映设计者用什么样的设计构思去实现用户的要求，给人一个整体而明确的认识。把功能体系分析为各个功能领域，便于找出改革应从哪一级入手比较恰当。

功能分析对应于产品的结构分析。价值工程师首先不是分析产品的结构，而是分析产品的功能。从传统的结构分析转移到功能分析，有利于摆脱现存结构对思想的束缚，启发设计者大胆创新，采用新技术，提出实现最上位功能（用户功能）的最优方案。

例如手表的突破，若从原有表的结构体系进行研究，怎样也摆脱不了机械表的范围；从显示时间的功能出发进行研究，才有可能导致电子表和石英表的出现。

（3）功能评价　用户购买产品时，首先考虑的是产品的功能能够满足要求的程度，同时也要考虑在经济上有多大效益。用户是根据其全部输出（使用该产品所取得的效果，如生产数量）与整个输入（购买产品与使用产品的总费用——即寿命周期成本）的比较来选取产品的。因此，要确定实现产品功能所必需的费用即功能评价值。

在价值分析中，评价功能的价值是相当困难的。对于一般产品的成本，根据制成产品或零件所用的材料和加工方法、使用的设备以及生产量等，参照过去的有关资料，就可以准确地估算出来（即使没有产品实体，只有图样，也能相当准确地预测出成本）。但是如果不把反映用户需求的功能换算为金额，便不能进行比较。把功能换算为金额，一定要设想为实现必要的功能要做些什么，其中哪个方案成本最低。因此，预测功能评价价值不是一般概念的成本计算，而是要预测出对应于功能的成本。

在进行功能评价时，可以功能为依据，把能达到相同功能的各种方案加以比较，选其中成本最低的作为标准。这个标准就可认为是功能评价价值或功能的目标成本。但是这样的标准还不够科学和严谨，而且在多数情况下往往没有现成的标准可循。因此，实际工作中常常根据产品的特点和生产规模，应用各种技巧和方法来进行评价。

三、价值工程实例

某公司生产的小型单筒洗衣机2016年年销4万台，2017年年销20万台，批量较大，但成本高于国内同类产品。为此，该公司组织价值工程领导小组对洗衣机进行价值工程的分析。

（1）寻找价值分析目标　把洗衣机全部零部件按成本大小分类排队，对产品的成本构成进行分析，算出各类零件所占成本的百分比（表11-10）。寻找分析目标运用ABC分析法。

表11-10　产品各类零件成本表

零件成本（元）	件　数	件数百分比（%）	成本（元）	成本百分比（%）	分　类
$7.00 \leq C$	10	10	186.15	74.6	A
$0.60 \leq C \leq 7.00$	30	30	46.192	18.5	B
$C \leq 0.60$	61	60	17.238	6.9	C
合　计	101	100	249.58	100	

ABC分析法又称为分类管理法或重点管理法。这种方法的基本原理是处理任何事情都要分清主次、轻重，区别关键的少数和次要的多数，根据不同的情况进行分类管理。7元以上的零件成本占总成本的74.6%，零件数占零件总数10%，作为A区；约占30%的零件成本占总成本的18.5%，作为B区；其余60%的零件仅占总成本的6.9%，作为C区，绘制ABC曲线如图11-29所示。这样可把重点放在A、B两区，特别是A区零件可以作为价值分析的目标。

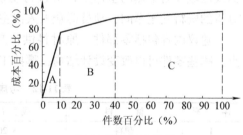

图11-29　ABC曲线

（2）功能分析　对洗衣机的全部零件进行功能定义、功能整理、绘制功能系统图。

经过整理，按功能体系排队，洗衣机分为四个功能系统：①控制分系统。②动力及传动分系统。③容器装置。④外观及保护分系统。依次绘出功能系统图，进一步明确了各零部件的基本功能和实现该功能的手段；明确了哪些功能是多余的，哪些功能是不足的。例如，设计中重复多处使用的防振胶垫，有几处是多余的，应予取消；洗衣机的外观装饰则功能不足，应予加强。

（3）功能评价　对选为分析对象的A区10个零件进行评价。首先组织设计师、工艺师、老工人和车间干部根据各零件的基本功能、辅助功能和外观功能，利用强制确定法给各零件评分，计算出零件的功能系数（表11-11）。其次是计算零件的成本系数和价值系数。绘制成本－功能的最佳适应区（图11-30）。

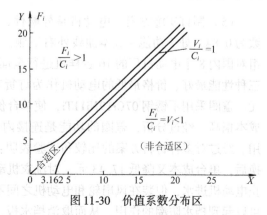

图11-30　价值系数分布区

表11-11　A类零件功能系数表

零件名称	电动机	外罩	盖圈	内筒	定时器	V带	风扇轮	电容器	轴壳	上盖	得分	功能评价系数（%）	现实成本（元）	成本系数（%）	价值系数
电动机	×	1	1	1	1	1	1	1	1	1	9	20.00	44.13	23.70	0.84
外罩	0	×	1	1	0	1	1	1	1	1	7	15.56	32.50	17.46	0.89
盖圈	0	0	×	0	0	1	1	1	1	1	5	11.11	32.45	17.43	0.64
内筒	0	0	1	×	0	1	1	1	1	1	6	13.33	25.05	13.46	0.99
定时器	0	1	1	1	×	1	1	1	1	1	8	17.78	13.90	7.47	2.38
V带	0	0	0	0	0	×	1	1	0	1	2	4.44	8.74	4.70	0.94
风扇轮	0	0	0	0	0	0	×	0	0	1	2	2.22	7.88	4.23	0.52
电容器	0	0	0	0	0	1	1	×	1	1	4	8.89	7.00	3.76	2.36
轴壳	0	0	0	0	0	0	1	0	×	1	3	6.67	7.20	3.87	1.72
上盖	0	0	0	0	0	0	0	0	0	×	0	0	7.30	3.92	0
合计											45	100.0	186.15	100.6	—

曲线方程 $X^2 - Y^2 = 2S$，S 取值应视价值分析要求的高低而定，此题取 $S = 5$，故 $X^2 - Y^2 = 10$。

（4）发动群众提革新建议　该公司一方面组织专门的力量对电动机、盖圈（成本-功能曲线区域外右下侧的坐标点）等进行功能费用分析，另一方面把洗衣机的零件成本和功能分析的资料发至车间，动员群众人人出主意想办法，提出降低成本、改进功能的建议。

建议内容包括零部件、原材料供、产、销的全过程，如哪些材料可以更替或改换供应点，哪些零件可以改变设计结构，哪些工序可以改变加工方法等，见表11-12。

表11-12　考虑用户意见的材料选择方案

序　号	材　料	成本（元）	用户调查	方案确定
1	塑料	3.20	担心老化	淘汰
2	搪瓷	4.60	易研伤和锈蚀	厂无条件
3	钢板镀铬	9.70	良好	工艺复杂
4	不锈钢 12Cr13	6.60	日久有锈斑	淘汰
5	不锈钢 07Cr19Ni11Ti	26.85	良好	费用高
6	不锈钢 06Cr13	9.42	良好	选中

（5）制订实施方案　电动机是外购件，42.6 元/台，占洗衣机总成本的 17%。价值系数为 0.84，处于功能 - 成本曲线外右下侧，对成本影响较大，故公司组织了专门的分析小组对国内 8 个电动机厂的 16 台样机进行全面测试，通过技术经济的综合比较，从中选择了三种性能最好、价格最低的电动机作为订货对象。仅此一项就使洗衣机单台成本下降 5.08 元。盖圈采用不锈钢 07Cr19Ni11Ti，使单台价格达 26.85 元（17.1 元/kg），价值系数 0.63，成本偏高。经过分析，盖圈的功能是连接内外筒及防腐、密封，它在洗衣机中只起辅助作用。经过对多种材料方案的比较和试验表明：选用 06Cr13 不锈钢代替 07Cr19Ni11Ti 材料更换后，单台成本又降低 17.43 元。对洗衣机动力系统的功能分析中，发现挡水板的功能是防止电动机进水，但装在风扇轮和电动机之间不利于电动机冷却。经过分析，稍稍加大风扇便可以起到挡水防潮的作用，从而取消挡水板，降低成本 1.34 元/台。

内筒成本为 25.05 元，价值系数 0.99，原内筒冲压用的压力机，效率低。现购进三台压力机，建立专用生产线，以提高效率、降低工时。接着又建立了轴壳流水线、自动烤漆线和总装生产线，使单台工时由原来的 39h 降到 25～27h，时间定额下降 40% 以上。

价值分析前后，洗衣机成本费用的变化见表 11-13。

表 11-13　洗衣机的成本费用　　　　　　（单位：元）

品　　种	材料及外购件		工 时 费 用		三包费	工装费	单 台 成 本	
	原成本	新成本	原成本	新成本			原成本	新成本
烤漆型	145.80	122.00	98.10	37.50	1.10	2.90	247.90	163.50
冰花型	151.00	127.00	98.10	40.50	1.10	2.90	253.10	171.50

思 考 题

11-1　修改错误，把图 11-31 画成正确的网络图。

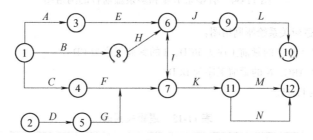

图 11-31　画法错误的网络图

11-2　修改错误，把图 11-32 画成正确的网络图。

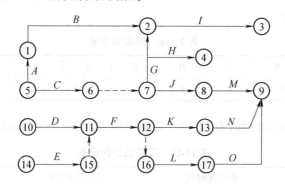

图 11-32　画法错误的网络图

11-3　将图 11-33 中的各工序的逻辑关系填入表 1-14 中。

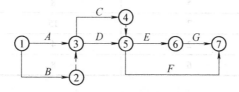

图 11-33　填写逻辑关系图例

表 11-14　紧前紧后工序逻辑关系图

本 工 序	A	B	C	D	E	F	G
紧前工序							
紧后工序							

11-4　删除图 11-34 中的多余节点。

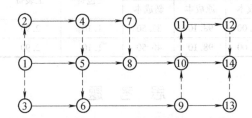

图 11-34　有多余节点和多余虚箭杆的网络图

11-5　根据以下的逻辑关系绘制网络图：

(1) H 的紧前工序 AB，I 的紧前工序为 BCD，J 的紧前工序为 CD。

(2) M 的紧前工序 ABC，N 的紧前工序为 BCD。

(3) 逻辑关系见表 11-15。

表 11-15　逻辑关系表

工序名称	A	B	C	D	E	F	G	H	I	J
紧前工序	—	—	—	A、C	B	E	D	E	F、H	F、G

(4) 逻辑关系见表 11-16。

表 11-16　逻辑关系表

工序名称	A	B	C	D	E	F	G	H	I	J
紧前工序	C、D	D、E	F	F	G、J	G、H	I	—	—	—

11-6　已知某工程非肯定型时间见表 11-17，请用三时估算法计算其肯定型时间值。

表 11-17　三种估算时间表

工序名称	最乐观时间	最可能时间	最悲观时间
A	3	6	9
B	4	8	18
C	5	8	11
D	7	15	29
E	2	4	9
F	6	8	11

11-7　按表 11-18 的逻辑关系，用表上计算法计算时间参数。

表 11-18　逻辑关系表

工序名称	A	B	C	D	E	F	G	H	I	J	K	L	M	N
紧前工序	—	A	A	A	B	B	C	D	GH	FI	FI	JK	EL	JK
持续时间/月	2	3	2	4	10	6	5	3	2	4	2	2	3	5

11-8　按表 11-19 的逻辑关系，用表上计算法计算时间参数。

表 11-19　逻辑关系表

工序名称	A	B	C	D	E	F	G	H	I	J	K	L	M	N	P	Q
紧后工序	E	F	E	F	G	HIJ	HIJ	L	LN	LK	M	PQ	PQ	PQ	—	—
持续时间（天）	3	2	2	2	2	3	4	3	2	3	2	5	3	4	3	2

11-9　线性规划模型的基本结构包括几部分？试述建立数学模型的步骤。

11-10　某企业生产甲、乙两种产品，由加工和装配两个车间完成。据调查，产品销路及原材料及供应问题不大，但车间的设备能力有限，两个产品在两个车间的时间定额、车间月计划可用工时数和单件产品的产值表示，见表 11-20。现要求根据表内数据拟订一个能获得产值最大的生产计划。

表 11-20　产品资料

车　间	时间定额/h		计划可用工时 /（h/月）
	甲产品	乙车间	
加工车间	3	2	4800
装配车间	2	1	3000
单件产值（元）	50	30	

11-11　某企业生产甲、乙两种产品，分别用 A、B、C 三种材料。甲、乙两产品所用各种材料数及现有各种材料总数以及单件产品的产值见表 11-21，求在现有库存材料的条件下，甲、乙两产品各应生产多少件产值最大？

表 11-21　产品资料

材料品种	材料定额/（kg/件）		现库存材料总数 /kg
	甲产品	乙产品	
A	1	1	450
B	2	1	800
C	1	3	900
单件产值（元）	50	40	

11-12　用长 7.4m 的钢料做 100 套钢筋架子，每套架子需要 2.9m、2.1m、1.5m 的钢筋各一根。问最少需要多少 7.4m 的钢材才能完成这项任务？

11-13　某工厂可供使用的原材料、电力、劳动量都有限度，拟生产 A、B 两种产品。根据估计，生产每单位的 A、B 产品分别需要的原材料、电力、劳动量以及所得利润等见表 11-22。问怎样安排生产才能获得最大利润？

表 11-22　产品资料

产　品	A	B	各投入物的限度
原材料/t	9	4	360
电力/ (kW·h)	4	5	200
劳动量（人）	3	10	300
利润（万元）	7	12	

11-14　什么是价值工程？价值工程的含义是什么？提高价值的途径有哪些？

11-15　如何给功能下定义？

11-16　如何进行功能整理？

附录 设备统一分类及编号目录

0 金属切削机床

分类别	0 数控金切机床	1 车床	2 钻床及镗床	3 研磨机床	4 联合及组合机床
0	车床、镗床类	台式车床（仪表车床）	立式钻床	外圆磨床（圆磨床）	万能联合机床
1		单轴自动与半自动车床（单轴自动车床）			万能联合机床
2	钻床、镗床类	多轴自动、半自动车床	单轴半自动钻床	内圆磨床	半自动联合机床
3	磨床类	回轮、转塔车床（六角车床）	多轴半自动钻床	粗磨床、砂轮机	自动联合机床
4	组合机床类	曲轴及凸轮轴车床（定心车床、截断车床）	座标镗床	专用磨床	组合机床
5	齿轮及螺纹加工机类	立式车床	摇臂钻床	导轨磨床	程序控制机床
6	铣床类	落地及卧式车床（普通车床、落地车床）	台式钻床	工具磨床、刀具磨床	
7	刨、插、拉床类	仿型及多刀车床	铣镗床（金钢镗床）	平面磨床	
8	切断机床类	专用车床	卧式铣镗床	研磨抛光机床（研磨机）	
9	其他及电加工机床、工中心、柔性加工单元、工类、床类	其他车床	其他钻镗床（精镗床、中心钻床）	其他磨床	其他联合及组合机床

1 锻压设备

分类别	0 数控锻压设备	1 锻锤	2 压力机	3 锻造机	4 辊压机
0		蒸汽锤（自由锤）	水压机	水平分模平锻机	辊板机
1		蒸汽锤（自由锤）	水压机	垂直分模平锻机	型材辊压机
2	压力机类	模锻空气锤	液压机	轮转锻机	
3		夹板锤	偏心压力机	卷转、螺钉锻造机	
4		皮带锤	曲轴压力机	平道钉锻造机	
5		弹簧锤	螺旋压力机	热模锻压力机	
6		对击锤	手拉压力机	辊锻横轧机	
7	整形机类	气动锤	伸动压力机	辊环机	
8		液压模锻锤	挤压力机		
9	其他	其他锻锤	精压力机	其他锻造机	其他辊压机

（续）

2　起重运输设备

组别	名称	0	1	2	3	4	5	6	7	8	9
0											
1	起重机	桥式起重机	梁式起重机	电动葫芦	单轨吊车		龙门起重机	单臂起重机	塔式起重机	回臂起重机	其他起重机
2	卷扬机	蒸汽卷扬机	电动卷扬机	手动卷扬机							其他卷扬机
3	传送机械	悬挂运输链	带式运输机	螺旋运输机	斗式运输机	板式运输机	滚道运输机	装配运输机	铸型运输机		其他传送机
4	运输机械	牵引车		铁路货车		载货卡车	翻斗车		小机车	电瓶车	其他运输车辆

3　木工、铸造设备

组别	名称	0	1	2	3	4	5	6	7	8	9
0											
1	木工机械	木工锯床	木工刨床	木工钻孔机		木工开榫机	木工修磨机	木工铣车床			其他木工机械
2	铸造设备	造型设备		特种铸造设备	型砂处理设备	落砂设备	制芯设备	清理设备	压铸机	离心浇注机	其他铸造设备
3											

4　专业生产用设备

组别	名称	0	1	2	3	4	5	6	7	8	9
0											
1	螺钉专用设备										
2	汽车专用设备										
3	轴承专用设备										
4	电线、电缆专用设备										

5　其他机械设备

组别	名称	0	1	2	3	4	5	6	7	8	9
0											
1	油漆机械	油漆混合机	油漆研磨机								其他油漆机械
2	油处理机械	离心分离器		滤油机	油桶压机	再生油装置					其他油处理机
3	管用机械	绞管机	胀管机	烟管清锈机	管子矫正机	缩管机	缩管口机	吹灰装置			其他管用机械
4	破碎机械	锤式破碎机	颚式破碎机	圆锥破碎机		球磨机	棒磨机				其他破碎机

6 动能发生设备

分类	0	1	2	3	4	5	6	7	8	9
电站设备	电站锅炉	汽轮机	发电机	供煤机	除尘设备	水输送及处理设备	电器控制设备	直流电系统		其他电站设备
氧气站设备		分馏塔	高低空压机	氧膨胀机	氧压机		充氧储气罐			其他氧气站设备
煤气及保护气体发生设备		煤气发生炉	静电除尘器和整流装置	煤气洗涤塔	排送机和鼓风机		冷却干燥塔			其他煤气站设备
乙炔发生设备		乙炔发生器	储气罐	压缩机						其他乙炔发生设备
空气压缩设备		空气压缩机	中冷却器	后冷却器	储气罐	循环水泵				其他空压站设备

7 电器设备

分类	0	1	2	3	4	5	6	7	8	9
变压器		电力配电变压器	电炉变压器	试验变压器	调压器	高压变压器	电渣熔炼变压器	电动机专用变压器		其他变压器
高低压配电设备		高压配电盘	低压配电盘	高压控制盘	高低压配电盘	高压电力电容器	低压电力电容器	高压避雷器	高压油浸开关互感器	其他配电设备
变频、高频、交流设备		高频热加工设备	中频热加工设备	灯式高频热加工设备	定频率变频机组	变流、整流设备	充电设备	直流天车供电设备	交流供电设备	其他
电气检测设备		动平衡机	电力测功机	磁力探伤机					电气试验台	其他

8 工业炉窑

分类	0	1	2	3	4	5	6	7	8	9
熔铸炉		化铁炉	电弧炉	转炉	坩埚炉	平炉	粉末冶金设备	电渣熔炼设备		其他熔炼设备
加热炉		普通加热炉	反射加热炉	室式加热炉		台车式加热炉	连续式加热炉	贯通式加热炉	柴油加热炉	其他加热设备
热处理炉(窑)		室式热处理炉	台车式热处理炉	井式热处理炉	柴油式热处理炉	马弗炉	电阻炉	盐液电炉	工频感应加热设备	其他热处理炉
干燥炉(窑)		砂型烘炉	泥芯烘炉	塞杆烘炉	电极干燥罐	木材干燥室	喷漆烘干室			其他干燥炉

（续）

大类别 9　其他动力设备

组别	分类别									
	0	1	2	3	4	5	6	7	8	9
0										
1 通风采暖设备		离心式通风机	轴流式通风机	罗茨式鼓风机		高速喷雾器		暖风机		其他通风采暖设备
2 恒温设备		氨压缩机	冷凝器	蒸发器		喷雾器		加热器	控制设备	其他恒温设备
3 管道	热力管道	压缩空气管道	煤气管道	保护气体管道	氧气管道	乙炔气管道	上水管道	下水管道	通风管道	其他管道
4 电镀设备及工艺用槽		镀铬工艺设备	镀锌工艺设备	镀镍工艺设备	镀铜工艺设备	电解工艺设备	电化表面处理设备	清洗设备	各类槽	其他

大类别 0　金属切削机床

组别	分类别									
	0	1	2	3	4	5	6	7	8	9
5 齿轮加工及螺纹加工机床	螺纹切削机床	锥齿轮加工机床	滚齿机	插齿机	剃齿机	齿轮倒角及齿轮铣键槽机床	齿轮及螺纹精加工机床		齿轮及螺纹磨床	其他
6 铣床	立式升降台铣床	立式铣床（立式转台铣床）	平面铣床	工具铣床	仿形铣床	立式万能铣床	龙门铣床	床身式铣床	卧式升降台铣床	其他铣床
7 刨、插、拉床	单臂刨床	龙门刨床	牛头刨床	插床	卧式拉床	立式拉床	仿型刨床		刨、插、拉床	其他
8 切断机床	金属切断机床	砂轮切断机床	锯切断机床	砂轮片锯床	带锯床	圆锯床	弓锯床	继锯机床	其他切断用机床	其他
9 其他金属切削机床	管子加工机床					刻线打字机床	电加工机床		自动继用机床	其他金属切削机床

附录　设备统一分类及编号目录

1　锻压设备

冷作机	剪切机	整形机	弹簧加工机	其他锻压冷作设备
0	0	0	0	0
1 自动冷镦机	1	1 板料弯曲机	1 卷簧机	1 拔丝机
2 自动制钉机	2 板料直线剪切机	2 板料校平机	2 弹簧成型机	2 铆钉机
3 自动切边搓丝滚丝机	3 鳄鱼式剪断机	3 板料折压机	3 弹簧加箍机	3 锉刀机
4	4 板料曲线剪切机	4 型材校直机	4 缓冲弹簧压力机	4 铆接机
5	5 型钢剪断机	5 型材弯板机	5	5 齿轮热轧机
6	6 手剪床	6 型材弯曲机	6	6 电热镦机
7 冷轧成型机	7 联合冲剪机	7	7	7
8	8	8 旋压机	8	8
9 其他冷作机	9 其他剪切机	9 其他整形机	9 其他弹簧加工机	9 其他锻压冷作设备

2　起重运输设备

(迁车台/转车台)	升降机	船舶		其他起重运输设备
0	0	0	0	0
1 迁车台	1 升降机（电梯）	1 机动船	1	1
2 转车台	2 翻斗机	2 非机动船	2	2
3	3	3	3	3
4	4	4	4	4
5	5	5	5	5
6	6	6	6	6
7	7	7	7	7
8	8	8	8	8
9	9	9	9	9 其他起重运输设备

3　木工、铸造设备

0	0	0	0	0
1	1	1	1	1
2	2	2	2	2
3	3	3	3	3
4	4	4	4	4
5	5	5	5	5
6	6	6	6	6
7	7	7	7	7
8	8	8	8	8
9	9	9	9	9

（续）

大类别	组别	组别名称	0	1	2	3	4	5	6	7	8	9
4 专业生产用设备	5	电瓷专业设备										
	6	电池专业设备										
	7	精密度量设备		精密度量设备								
	8	操作机械		喷漆机器人	焊接机器人	自动化辅助机械	锻造操作机	装配机				其他操作机
	9	其他专业机械设备	产品试验机装置									
5 其他机械设备	5	土建机械		推土机	挖掘机	开山机	拖拉机	打桩机			搅拌机	其他土建机械
	6	材料试验机		万能材料试验机	拉力试验机	压力试验机	弯曲试验机	硬度试验机	冲击试验机	扭曲试验机	疲劳试验机	其他材料试验机
	9	其他机械设备										
6 动能发生设备	5	二氧化碳设备		石灰窑	预热锅炉	顶洗涤塔	高压吸收塔	高压储气器				其他二氧化碳设备
	6	工业泵		水泵	污水泵	泥浆泵	耐酸泵		真空泵			其他工业泵
	7	锅炉房设备		锅炉	水处理设备	给水泵	除氧器	省煤器				其他锅炉房设备
	8	蒸汽及内燃机		汽油机	柴油机	煤油机	煤气机	蒸汽机	锅驼机			其他蒸汽及内燃机
	9	其他动能发生设备										

7 电器设备

其他电器设备
0	1	2	3	4	5	6	7	8	9
	磁处理设备								其他电器设备

弱电设备
0	1	2	3	4	5	6	7	8	9
	调度电话交换机	自动电话交换机	供电式电话交换机	母钟	警报受讯台	蓄电池组及充电设备			其他弱电设备

电气线路
0	1	2	3	4	5	6	7	8	9
	动力线路（室内干线）	照明线路（室内干线）	高压架空线路	低压架空线路	高压电缆线路	低压电缆线路	电信电缆		

焊切设备
0	1	2	3	4	5	6	7	8	9
	直流电焊机	交流电焊机	点焊机	对焊机	缝焊机	氩弧焊机	电渣焊机	电切割设备	其他焊切设备

8 工业炉窑

其他工业炉窑
0	1	2	3	4	5	6	7	8	9
									其他工业炉窑

0	1	2	3	4	5	6	7	8	9

0	1	2	3	4	5	6	7	8	9

熔剂竖窑
0	1	2	3	4	5	6	7	8	9
	石灰石窑	耐火材料窑							其他

9 其他动力设备

其他动力设备
0	1	2	3	4	5	6	7	8	9
									其他动力设备

容器
0	1	2	3	4	5	6	7	8	9
	储油容器	液化气容器	储水容器	气体容器					其他容器

涂漆设备
0	1	2	3	4	5	6	7	8	9
	喷漆室	静电喷漆室	浸漆设备	电冰漆设备	粉末涂漆设备				其他涂漆设备

除尘设备
0	1	2	3	4	5	6	7	8	9
	旋风式除尘设备	布袋式除尘设备							其他

参 考 文 献

[1] 韦林. 设备管理 [M]. 北京：机械工业出版社, 2015.

[2] 中国机械工程学会设备与维修工程分会. 设备管理与维修路线图 [M]. 北京：中国科学技术出版社, 2016.

[3] 高志坚. 设备管理与点检维修 [M]. 北京：机械工业出版社, 2013.